国家卫生和计划生育委员会"十二五"规划教材

全国中等卫生职业教育教材

供护理、助产专业用　　　　　　　第3版

# 生物化学基础

主　编　艾旭光　王春梅

副主编　贾　梅　张文利

编　者（以姓氏笔画为序）

　　　　王达菲（河南省郑州市卫生学校）

　　　　王春梅（山东省临沂卫生学校）

　　　　艾旭光（许昌学院）

　　　　张文利（山东省济宁卫生学校）

　　　　郑学锋（许昌学院）（兼秘书）

　　　　贾　梅（河南省濮阳市卫生学校）

人民卫生出版社

**图书在版编目（CIP）数据**

生物化学基础 / 艾旭光，王春梅主编. —3 版. —北京：人民卫生出版社，2015

ISBN 978-7-117-20685-3

Ⅰ. ①生… Ⅱ. ①艾… ②王… Ⅲ. ①生物化学－医学院校－教材 Ⅳ. ①Q5

中国版本图书馆 CIP 数据核字（2015）第 093879 号

| | | |
|---|---|---|
| 人卫社官网 | www.pmph.com | 出版物查询，在线购书 |
| 人卫医学网 | www.ipmph.com | 医学考试辅导，医学数据库服务，医学教育资源，大众健康资讯 |

**生物化学基础**
第 3 版

主　　编：艾旭光　　王春梅
出版发行：人民卫生出版社（中继线 010-59780011）
地　　址：北京市朝阳区潘家园南里 19 号
邮　　编：100021
E - mail：pmph @ pmph.com
购书热线：010-59787592　　010-59787584　　010-65264830
印　　刷：三河市宏达印刷有限公司（胜利）
经　　销：新华书店
开　　本：787 × 1092　1/16　　印张：11
字　　数：275 千字
版　　次：1999 年 10 月第 1 版　　2015 年 8 月第 3 版
　　　　　2023 年 1 月第 3 版第 15 次印刷（总第 54 次印刷）
标准书号：ISBN 978-7-117-20685-3/R · 20686
定　　价：26.00 元
打击盗版举报电话：010-59787491　　E-mail：WQ @ pmph.com
（凡属印装质量问题请与本社市场营销中心联系退换）

# 出 版 说 明

为全面贯彻党的十八大和十八届三中、四中全会精神，依据《国务院关于加快发展现代职业教育的决定》要求，更好地服务于现代卫生职业教育快速发展的需要，适应卫生事业改革发展对医药卫生职业人才的需求，贯彻《医药卫生中长期人才发展规划(2011—2020年)》《现代职业教育体系建设规划(2014—2020年)》文件精神，人民卫生出版社在教育部、国家卫生和计划生育委员会的领导和支持下，按照教育部颁布的《中等职业学校专业教学标准(试行)》医药卫生类(第一辑)(简称《标准》)，由全国卫生职业教育教学指导委员会(简称卫生行指委)直接指导，经过广泛的调研论证，启动了全国中等卫生职业教育第三轮规划教材修订工作。

本轮规划教材修订的原则：①明确人才培养目标。按照《标准》要求，本轮规划教材坚持立德树人，培养职业素养与专业知识、专业技能并重，德智体美全面发展的技能型卫生专门人才。②强化教材体系建设。紧扣《标准》，各专业设置公共基础课(含公共选修课)、专业技能课(含专业核心课、专业方向课、专业选修课)；同时，结合专业岗位与执业资格考试需要，充实完善课程与教材体系，使之更加符合现代职业教育体系发展的需要。在此基础上，组织制订了各专业课程教学大纲并附于教材中，方便教学参考。③贯彻现代职教理念。体现"以就业为导向，以能力为本位，以发展技能为核心"的职教理念。理论知识强调"必需、够用"；突出技能培养，提倡"做中学、学中做"的理实一体化思想，在教材中编入实训(实践)指导。④重视传统融合创新。人民卫生出版社医药卫生规划教材经过长时间的实践与积累，其中的优良传统在本轮修订中得到了很好的传承。在广泛调研的基础上，修订教材与新编教材在整体上实现了高度融合与衔接。在教材编写中，产教融合、校企合作理念得到了充分贯彻。⑤突出行业规划特性。本轮修订紧紧依靠卫生行指委，充分发挥行业机构与专家对教材的宏观规划与评审把关作用，体现了国家规划教材一贯的标准性、权威性、规范性。⑥提升服务教学能力。本轮教材修订，在主教材中设置了一系列服务教学的拓展模块；此外，教材立体化建设水平进一步提高，根据专业需要开发了配套教材、网络增值服务等，大量与课程相关的内容围绕教材形成便捷的在线数字化教学资源包，为教师提供教学素材支撑，为学生提供学习资源服务，教材的教学服务能力明显增强。

人民卫生出版社作为国家规划教材出版基地，获得了教育部中等职业教育专业技能课教材选题立项24个专业的立项选题资格。本轮首批启动了护理、助产、农村医学、药剂、制药技术专业教材修订，其他中职相关专业教材也将根据《标准》颁布情况陆续启动修订。

# 全国卫生职业教育教学指导委员会

# 全国中等卫生职业教育"十二五"规划教材目录

## 护理、助产专业

| 序号 | 教材名称 | 版次 | 课程类别 | 所供专业 | 配套教材 |
|------|----------|------|----------|----------|----------|
| 1 | 解剖学基础* | 3 | 专业核心课 | 护理、助产 | √ |
| 2 | 生理学基础* | 3 | 专业核心课 | 护理、助产 | |
| 3 | 药物学基础* | 3 | 专业核心课 | 护理、助产 | √ |
| 4 | 护理学基础* | 3 | 专业核心课 | 护理、助产 | √ |
| 5 | 健康评估* | 2 | 专业核心课 | 护理、助产 | √ |
| 6 | 内科护理* | 3 | 专业核心课 | 护理、助产 | √ |
| 7 | 外科护理* | 3 | 专业核心课 | 护理、助产 | √ |
| 8 | 妇产科护理* | 3 | 专业核心课 | 护理、助产 | √ |
| 9 | 儿科护理* | 3 | 专业核心课 | 护理、助产 | √ |
| 10 | 老年护理* | 3 | 老年护理方向 | 护理、助产 | √ |
| 11 | 老年保健 | 1 | 老年护理方向 | 护理、助产 | |
| 12 | 急救护理技术 | 3 | 急救护理方向 | 护理、助产 | √ |
| 13 | 重症监护技术 | 2 | 急救护理方向 | 护理、助产 | |
| 14 | 社区护理 | 3 | 社区护理方向 | 护理、助产 | √ |
| 15 | 健康教育 | 1 | 社区护理方向 | 护理、助产 | |
| 16 | 解剖学基础* | 3 | 专业核心课 | 助产、护理 | √ |
| 17 | 生理学基础* | 3 | 专业核心课 | 助产、护理 | √ |
| 18 | 药物学基础* | 3 | 专业核心课 | 助产、护理 | √ |
| 19 | 基础护理* | 3 | 专业核心课 | 助产、护理 | √ |
| 20 | 健康评估* | 2 | 专业核心课 | 助产、护理 | √ |
| 21 | 母婴护理* | 1 | 专业核心课 | 助产、护理 | √ |

续表

| 序号 | 教材名称 | 版次 | 课程类别 | 所供专业 | 配套教材 |
|---|---|---|---|---|---|
| 22 | 儿童护理 * | 1 | 专业核心课 | 助产、护理 | √ |
| 23 | 成人护理（上册）—内外科护理 * | 1 | 专业核心课 | 助产、护理 | √ |
| 24 | 成人护理（下册）—妇科护理 * | 1 | 专业核心课 | 助产、护理 | √ |
| 25 | 产科学基础 * | 3 | 专业核心课 | 助产 | √ |
| 26 | 助产技术 * | 1 | 专业核心课 | 助产 | √ |
| 27 | 母婴保健 | 3 | 母婴保健方向 | 助产 | √ |
| 28 | 遗传与优生 | 3 | 母婴保健方向 | 助产 | |
| 29 | 病理学基础 | 3 | 专业技能课 | 护理、助产 | √ |
| 30 | 病原生物与免疫学基础 | 3 | 专业技能课 | 护理、助产 | √ |
| 31 | 生物化学基础 | 3 | 专业技能课 | 护理、助产 | |
| 32 | 心理与精神护理 | 3 | 专业技能课 | 护理、助产 | |
| 33 | 护理技术综合实训 | 2 | 专业技能课 | 护理、助产 | √ |
| 34 | 护理礼仪 | 3 | 专业技能课 | 护理、助产 | |
| 35 | 人际沟通 | 3 | 专业技能课 | 护理、助产 | |
| 36 | 中医护理 | 3 | 专业技能课 | 护理、助产 | |
| 37 | 五官科护理 | 3 | 专业技能课 | 护理、助产 | √ |
| 38 | 营养与膳食 | 3 | 专业技能课 | 护理、助产 | |
| 39 | 护士人文修养 | 1 | 专业技能课 | 护理、助产 | |
| 40 | 护理伦理 | 1 | 专业技能课 | 护理、助产 | |
| 41 | 卫生法律法规 | 3 | 专业技能课 | 护理、助产 | |
| 42 | 护理管理基础 | 1 | 专业技能课 | 护理、助产 | |

## 农村医学专业

| 序号 | 教材名称 | 版次 | 课程类别 | 配套教材 |
|------|----------|------|----------|----------|
| 1 | 解剖学基础 * | 1 | 专业核心课 | |
| 2 | 生理学基础 * | 1 | 专业核心课 | |
| 3 | 药理学基础 * | 1 | 专业核心课 | |
| 4 | 诊断学基础 * | 1 | 专业核心课 | |
| 5 | 内科疾病防治 * | 1 | 专业核心课 | |
| 6 | 外科疾病防治 * | 1 | 专业核心课 | |
| 7 | 妇产科疾病防治 * | 1 | 专业核心课 | |
| 8 | 儿科疾病防治 * | 1 | 专业核心课 | |
| 9 | 公共卫生学基础 * | 1 | 专业核心课 | |
| 10 | 急救医学基础 * | 1 | 专业核心课 | |
| 11 | 康复医学基础 * | 1 | 专业核心课 | |
| 12 | 病原生物与免疫学基础 | 1 | 专业技能课 | |
| 13 | 病理学基础 | 1 | 专业技能课 | |
| 14 | 中医药学基础 | 1 | 专业技能课 | |
| 15 | 针灸推拿技术 | 1 | 专业技能课 | |
| 16 | 常用护理技术 | 1 | 专业技能课 | |
| 17 | 农村常用医疗实践技能实训 | 1 | 专业技能课 | |
| 18 | 精神病学基础 | 1 | 专业技能课 | |
| 19 | 实用卫生法规 | 1 | 专业技能课 | |
| 20 | 五官科疾病防治 | 1 | 专业技能课 | |
| 21 | 医学心理学基础 | 1 | 专业技能课 | |
| 22 | 生物化学基础 | 1 | 专业技能课 | |
| 23 | 医学伦理学基础 | 1 | 专业技能课 | |
| 24 | 传染病防治 | 1 | 专业技能课 | |

## 药剂、制药技术专业

| 序号 | 教材名称 | 版次 | 课程类别 | 配套教材 |
|---|---|---|---|---|
| 1 | 基础化学 * | 1 | 专业核心课 | |
| 2 | 微生物基础 * | 1 | 专业核心课 | |
| 3 | 实用医学基础 * | 1 | 专业核心课 | |
| 4 | 药事法规 * | 1 | 专业核心课 | |
| 5 | 药物分析技术 * | 1 | 专业核心课 | |
| 6 | 药物制剂技术 * | 1 | 专业技能课 | |
| 7 | 药物化学 * | 1 | 专业技能课 | |
| 8 | 会计基础 | 1 | 专业技能课 | |
| 9 | 临床医学概要 | 1 | 专业技能课 | |
| 10 | 人体解剖生理学基础 | 1 | 专业技能课 | |
| 11 | 天然药物学基础 | 1 | 专业技能课 | |
| 12 | 天然药物化学基础 | 1 | 专业技能课 | |
| 13 | 药品储存与养护技术 | 1 | 专业技能课 | |
| 14 | 中医药基础 | 1 | 专业核心课 | |
| 15 | 药店零售与服务技术 | 1 | 专业技能课 | |
| 16 | 医药市场营销技术 | 1 | 专业技能课 | |
| 17 | 药品调剂技术 | 1 | 专业技能课 | |
| 18 | 医院药学概要 | 1 | 专业技能课 | |
| 19 | 医药商品基础 | 1 | 专业核心课 | |
| 20 | 药理学 | 1 | 专业技能课 | |

注:1. * 为"十二五"职业教育国家规划教材。

2. 全套教材配有网络增值服务。

# 护理专业编写说明

　　根据教育部的统一部署，全国卫生职业教育教学指导委员会组织全国百余所中等卫生职业教育相关院校，进行了全面、深入、细致的护理专业岗位、教育调查研究工作，制订了护理专业教学标准。标准颁布后，全国卫生行指委全力支持人民卫生出版社规划并出版助产专业国家级规划教材。

　　本轮教材的特点是：①体现以学生为主体、"三基五性"的教材建设与服务理念：注重融传授知识、培养能力、提高素质为一体，重视培养学生的创新、获取信息及终身学习的能力，注重对学生人文素质的培养，突出教材的启发性。②满足中等卫生职业教育护理专业的培养目标要求：坚持立德树人，面向医疗、卫生、康复和保健机构等，培养从事临床护理、社区护理和健康保健等工作，德智体美全面发展的技能型卫生专业人才。③有机衔接高职高专护理专业教材：在深入研究人卫版三年制高职高专护理专业规划教材的基础上确定了本轮教材的内容及结构，为建立中高职衔接的立交桥奠定基础。④凸显护理专业的特色：体现对"人"的整体护理观、"以病人为中心"的优质护理指导思想；护理内容按照护理程序进行组织，教材内容与工作岗位需求紧密衔接。⑤把握修订与新编的区别：本轮教材是在"十一五"规划教材基础上的完善，因此继承了上版教材的体系和优点，同时注入了新的教材编写理念、创新教材编写结构、更新陈旧的教材内容。⑥整体优化：本套教材注重不同层次之间，不同教材之间的衔接；同时明确整体规划，要求各教材每章或节设"学习目标""工作情景与任务"模块，章末设"思考题或护考模拟"模块，全书末附该课程的实践指导、教学大纲、参考文献等必要的辅助内容。⑦凸显课程个性：各教材根据课程特点选择性地设置"病案分析""知识窗""课堂讨论""边学边练"等模块，50学时以上课程编写特色鲜明的配套学习辅导教材。⑧立体化建设：全套教材创新性地编制了网络增值服务内容，每本教材可凭封底的唯一识别码进入人卫网教育频道（edu.ipmph.com）得到与该课程相关的大量的图片、教学课件、视频、同步练习、推荐阅读等资源，为学生学习和教师教学提供强有力的支撑。⑨与护士执业资格考试紧密接轨：教材内容涵盖所有执业护士考点，且通过章末护考模拟或配套教材的大量习题帮助学生掌握执业护士考试的考点，提高学习效率和效果。

　　全套教材共29种，供护理、助产专业共用。全套教材将由人民卫生出版社于2015年7月前分两批出版，供全国各中等卫生职业院校使用。

# 前　言

　　为了适应现代职业教育的发展，促进职业教育专业教学科学化、标准化、规范化，依据教育部医药卫生类护理、助产专业《中等职业学校专业教学标准（试行）》，在全国卫生职业教育教学指导委员指导下，由人民卫生出版社组织教学一线的生物化学教学专家，秉承深化课程体系与教学方法改革及提高卫生技术人才教育教学质量的精神，组成生物化学教材编写团队，编写了这本全国中等卫生职业教育护理、助产专业《生物化学基础》教材。

　　随着科学技术的发展和经济社会的进步，生物化学知识尤其是分子生物学知识对护理、助产专业的卫生技术人才培养日益重要。《生物化学基础》的编者紧扣中等卫生职业教育护理、助产专业的培养目标，根据本轮教材的整体规划，结合护理、助产专业的特点，遵循教材的"三基"、"五性"（即"基本理论、基本知识和基本技能"，"思想性、科学性、先进性、启发性和适用性"）原则，对本教材进行了认真的结构设计和内容界定，融传授知识、培养能力和提高素质为一体，将人文知识和历史传承贯穿其中，以满足岗位需要、教学需要、社会需要和个人个性发展需要。

　　本教材共十三章，主要包括四个部分，化学部分（第二章和第三章）、代谢及其调节部分（第四章至第八章）、分子生物学部分（第九章至第十一章）和器官生物化学（第十二章和第十三章）。章节排布由浅入深，前后连贯性强。正文内容在"能用、实用、够用"的基础上，辅以"知识窗"，增强人文和专业质感，强化知识性和趣味性。绪论以比较大的篇幅展示了生物化学发展史，以期激发学生学习的能动性。在过去教材的基础上，"物质代谢的调节和细胞信号的转导"由绪论内容变为独立一章；增加了"细胞增殖、分化与凋亡的分子基础"一章和"现代分子生物学技术"内容；增添了日常生活知识和临床案例等内容，突出启发教学或项目任务教学，体现了生物化学的先进性和科学性。本教材还有独立的网络配套增值服务，使《生物化学基础》的系统性和整体性得到充分的保障。

　　本教材的各位编者以科学严谨的态度、务实高效的作风、锐意创新的精神参与了教材编写的各个环节及各个章节，直至整个编写过程，确保了教材的内容、结构、形式都有了明显的特点。在编写过程中，各种思想理念不断碰撞、融合，最后得到统一，使得教材保质、保量地顺利完成，在此深表感谢。本教材的编写得到了许昌学院许多教师的大力支持和帮助,编写秘书郑学锋老师在沟通、协调等方面进行了卓有成效的工作,在此表示衷心的感谢。

为了进一步提高本书的质量,以供再版时修改,诚恳地希望各位读者、专家提出宝贵意见与建议!

艾旭光　王春梅

2015 年 5 月

# 目 录

注：* 为选学内容。

# 第一章 绪 论

## 第一节 概 述

 学习目标

1. 熟悉生物化学概念和研究内容，生物体的物质组成和基本特征。
2. 了解生物化学发展史。

　　生物化学，是生物学的分支学科，它是从分子水平研究生命现象化学本质的学科，即"生命的化学"。

### 一、生物化学的概念及研究对象

　　生物化学是研究生物体的化学组成、构成生物体分子的结构与功能、生物体内的物质代谢与调节及其在生命活动中的各种作用，即运用化学的原理及方法探讨生命的本质。随着技术的进步和科学的快速发展，人们将生物大分子结构、功能及其代谢调控的研究，称为分子生物学。广义而言，分子生物学是生物化学的重要组成部分，更是当今生命科学领域的前沿。

### 二、生物化学研究的主要内容

　　生物化学的研究内容十分广泛，其主要内容包括以下几个方面。

　　1. 物质组成　生物体是由一定的物质成分按一定的规律和方式组织而成，研究生物体内的化学变化首先要研究其物质组成。现已测得人体含水 55%～67%，蛋白质 15%～18%，脂类 10%～15%，无机盐 3%～4% 及糖类 1%～2% 等，还有核酸、激素、维生素等其他物质。所有这些物质不是杂乱无章地堆积在一起，而是按特定的化学组织形式，构成了能够体现各种生命活动的生物学结构。

　　2. 生物分子　生物体内的核酸、蛋白质、脂类和糖类等，在不同种类和同一种类的不同生物体间罕见完全相同的分子结构。这些分子量大而结构复杂的有机分子，称为生物大分子。当生物大分子被水解时，就可以发现其构成的基本单位，如蛋白质中的氨基酸、核酸中的核苷酸、脂类中的脂肪酸及糖类中的单糖等，这些小而简单的分子可以看作是生物大分子的构件或称为构件分子。构件分子的种类不多，在各种生物体内基本上都是一样的。实际上生物体内的生物大分子是由为数不多的几种构件借共价键连接而成。

1

生物大分子通常是由基本结构单位（单体）按一定顺序和方式连接形成的多聚体（polymer）。研究生物大分子除了确定其基本结构外，更重要的是研究其空间结构及功能的关系。结构是功能的基础，而功能则是结构的体现。尽管生物大分子种类繁多、结构复杂、功能各异，但其具有的特征之一是信息功能，因此也称为生物信息分子。它们之间的相互识别和相互作用，在细胞信号转导和基因表达调控中起着重要的作用。生物大分子结构与功能之间的关系研究和信息传递是当今生物化学的热点。

维生素、激素、氨基酸及其衍生物、肽、核苷酸及其衍生物等，在生物体中也担负着非常重要的生物学功能，是生物体内具有生物学活性的有机小分子。生物体内参加各种化学反应的各种物质包括分子和离子，其中不仅有生物大分子，还有更多更重要的小分子和离子。没有小分子和离子的参加，不能移动或移动不便的生物大分子便不能产生巧夺天工的生物化学反应。

3. 物质代谢　生物体区别于非生物体的基本特征是新陈代谢，即主要包括有物质和能量的有序性代谢及其信息相互交流。

生物体内的化学反应包括两个方面，即合成代谢与分解代谢。在合成代谢中，利用各种原料，不断使生物体能够生长、发育、修补、替换并进行繁殖；在分解代谢中，营养物质作为能源物质，经过生物氧化，释放能量，完成各种各样的生物学活动。

蛋白质、脂类和糖类是人们最重要的三大营养物质。据估计一个人在其一生中（按 60 岁计算），通过物质代谢与其体外环境交换的物质，约需 10 000 千克糖类，1600 千克蛋白质和 1000 千克脂类。当然其他的物质如微量元素、维生素等也是人体不可或缺的物质，对生命活动的维持也是必需物质。

4. 繁殖与遗传　生物体有别于非生物体的另一重要特征是具有繁殖能力与遗传特性。现已确定，DNA 是遗传的主要物质基础，遗传信息的传递方向一般为 DNA → RNA → 蛋白质，DNA 双螺旋的发现者之一 F. Crick 把这种遗传信息传递模式称为中心法则。自 1970 年 H. Temin 发现反转录后，又对中心法则进行了补充与完善。

5. 细胞信息传递　生物体的生长发育主要受遗传信息及环境变化信息的调节控制。遗传信息决定个体或细胞发育的基本模式在很大程度上受控于环境刺激或环境信息。环境有外环境和内环境之分，内外环境的联系即信号转导。细胞信号转导主要研究细胞感受、转导环境刺激的分子途径及其在生物个体发育过程中调节基因表达和代谢的生理反应，这是近年来分子生物学最前沿和最新的成果，也是生物化学中一个研究热点。

# 第二节　生物化学发展简史

## 一、生物化学发展概要

生物化学的历史源远流长，真正的系统研究始于 18 世纪，作为一门独立的学科是在 20 世纪初期从生理学中分离形成。生物化学发展阶段的划分只是相对而言。

1. 第一阶段　从 18 世纪中叶至 20 世纪初，主要特点是对生物体各种组成成分进行分离、纯化、结构测定及理化性质的研究，称为叙述生物化学阶段。期间对糖、脂和氨基酸的性质进行了比较系统的研究，发现了人类必需氨基酸、必需脂肪酸，发现了核酸、维生素、激素和"可溶性催化剂"等。

**知识窗**

### 生物化学阶段的发展史

1775 年　K.Scheele 对生物体内各组织的化学组成进行研究,使生命不再神秘。

1785 年　A.L.Lavoisier 证明动物呼吸过程中消耗氧气,放出热量。

1828 年　F.Wöhler 将氰化酸铵转变成了尿素,打破了有机和无机的刚性分界。

1850 年　Bernard 发现肝糖元转变成血糖。

1864 年　E.Hoppe-Seyler 首次提出"生理化学"一词。

1869 年　F.Miescher 发现核酸。

1903 年　C.Neuberg 初次使用"生物化学"这一名词。

1911 年　K.Funk 明确阐述维生素的概念,并从半糖中提取出烟酸。

2. 第二阶段　20 世纪中叶是生物化学蓬勃发展的阶段,主要特点是研究生物体内物质代谢途径、代谢调节的研究及整个代谢网络的完善,尤其是化学分析和放射性核素示踪技术的发现与应用,基本确定了三大营养物质的代谢途径,称为动态生物化学阶段。前期确定了糖酵解、三羧酸循环及脂肪分解等重要分解代谢途径,后期阐明了氨基酸、碱基、脂肪酸的生物合成途径。

 **知识窗**

### 动态生物化学阶段的发展史

1897 年　E.Buchner 发现破碎的酵母细胞滤液仍能使糖发酵,是酶学研究的开始。1907 年被授予诺贝尔化学奖。

1904 年　F.Knoop 提出的脂肪酸 β- 氧化过程。

1905 年　E.H.Starling 首次提出激素,并宣布促胰液素是第一个被发现的激素。

1913 年　L.Micheali 和 M.L.Menten 提出 Micheali-Menten 方程式,开启了酶动力学研究的新时代。

1926 年　J.B.Sumner 从刀豆种子中分离并提纯脲酶结晶,并证明是蛋白质。1946 年被授予诺贝尔化学奖。

1926 年　O.H.Warburg 发现呼吸酶,即细胞色素氧化酶,为呼吸链的研究奠定了基础。1931 年被授予诺贝尔生理学或医学奖。

1931 年　吴宪提出了蛋白质变性的概念。

1932 年　H.A.Krebs 发现鸟氨酸循环,使得氨基酸中的氨基代谢有了出路。

1937 年　H.A.Krebs 发现三羧酸循环,从而把三大营养物质代谢联系在一起。1953 年被授予诺贝尔生理学或医学奖。

1940 年　G.Embden、O.Meyerhof 和 J.K.Parnas 阐明了 EMP 途径,又称糖酵解途径,明确了糖在无氧条件下的代谢变化。

1949 年　E.P.Kennedy 和 A.L.Lehninger 证明脂肪酸 β- 氧化过程在线粒体中进行。

1953 年　D.E.Green 和 F.Lynen 分离出 β- 氧化各个阶段的酶,明确脂肪酸 β- 氧化过程。

3. **第三阶段**　20 世纪下叶以来，主要特点是研究生物大分子的结构与功能，并向物理学、技术科学、微生物学、遗传学、细胞学等其他学科渗透，产生了分子生物学，成为生物化学的主体，称为分子生物学阶段。

DNA 双螺旋结构模型的提出，是生物化学发展进入分子生物学阶段的重要标志；遗传密码的破译，中心法则的提出与扩充，明确了核酸与蛋白质关系；遗传信息传递与表达是分子生物学研究的焦点和起点，并从单个基因研究发展到对生物体整个基因组结构与功能的研究，人类基因组计划确定了人基因组的全部序列和基因图谱。各种分子生物学技术除了支撑生物化学之外，被其他学科应用，产生了分子遗传学、分子生理学、分子免疫学等，使得整个生命科学研究处在科技发展的前沿。

 知识窗

### 分子生物学阶段的发展史

1938 年　W.Weaver 第一次采用"分子生物学"这一术语。

1944 年　O.T.Avery 的细菌转化实验证明 DNA 是遗传物质，这是一个跨越时代的认识。

1950 年　E.Chargaff 提出了 Chargaff 规则，为 DNA 的半保留复制提供了理论基础。

1951 年　L.Pauling 和 R.Corey 发现多肽的二级结构。

1953 年　J.D.Watson 和 F.Crick 提出 DNA 的双螺旋结构模型，从此进入了分子生物学时代。荣获 1962 年诺贝尔生理学或医学奖。

1958 年　F.Crick 提出遗传的中心法则，奠定了生物界遗传信息的传递规律。

1960 年　J.Marmur 和 P.Dory 发现 DNA 的复性现象。

1979 年　A.Rich 证明 DNA-RNA 分子杂交。

1961 年　F.Jacob 和 J.L.Monod 提出了操纵子学说，使得基因调控的研究进入了新阶段。荣获 1965 年诺贝尔生理学或医学奖。

1966 年　M.W.Nirenberg 破译了遗传密码，明确遗传信息传递具体过程。1968 年被授予诺贝尔生理学或医学奖。

1970 年　H.M.Temin 和 D.Baltimore 发现反转录酶，使中心法则得到了扩充和完善。1975 年被授予诺贝尔生理学或医学奖。

1965 年　E.W.Sutherland 提出第二信使学说，发现激素作用机制。1971 年被授予诺贝尔生理学或医学奖。

1967 年　H.G.Khorana 发现 $T_4$DNA 连接酶，对分子生物学技术的发展起到了关键作用。

1972 年　P.Berg 成功完成了世界上第一次 DNA 体外重组实验。1980 年被授予诺贝尔化学奖。

1973 年　H.Boyer 和 S.Cohen 创建了 DNA 克隆技术，开创了分子生物学的新时代。

1977 年　W.Gilbert 和 F.Sanger 分别发明了化学裂解法和双脱氧核苷酸法的 DNA 测序技术。1980 年被授予诺贝尔化学奖。

1982年　S.Altman和T.R.Cech发现RNA自身具有催化功能,挑战了酶的传统概念。1989年被授予诺贝尔化学奖。

1985年　K.B.Mullis发明了聚合酶链反应(PCR),是分子生物学技术中最具革命性的成果。1993年被授予诺贝尔化学奖。

1997年　L.Wilmut利用成年体细胞克隆羊"多莉"。

2003年　完成人类基因组序列图。

2006年　E.Betzig,W.E.Moerner和S.W.Hell采用超高分辨率显微镜技术打破了光学分辨率的极限,达到纳米级分辨率。2014年被授予诺贝尔化学奖。

2011年　R.J.Lefkowitz,B.K.Kobilka研究G蛋白偶联受体(GPCR),第一次在原子分辨率阐明了GPCR参与信号转导机制。2012年被授予诺贝尔化学奖。

## 二、我国对生物化学发展的贡献

在生物化学的发展史上,华夏儿女也做出了很大的贡献。我国古代劳动人民于公元前已经能够使用酒母(曲)造酒,酒母含有生物催化剂—酶。我国古代的医学思想重在预防,尤其是在营养预防方面,例如孙思邈利用含有维生素$B_1$的车前子、杏仁、大豆等治疗脚气病,利用富含维生素A的猪肝治疗雀目(夜盲症)等。李时珍的《本草纲目》标志着我国古代药学在明朝发展到高峰,但由于历代封建王朝的统治者为了巩固其统治地位,尊经崇儒、排斥科学,因此我国近代生物化学的发展远远落后于欧洲国家。尽管如此,我国的科学家时刻不忘科学研究与科教兴国,生物化学家吴宪等在血液分析方面创立的血滤液的制备和血糖测定至今仍在使用,提出了至今仍然公认的蛋白质变性学说。

1965年,我国首先采用人工方法合成了具有生物学活性的胰岛素;1981年,又成功地合成了酵母丙氨酰tRNA;1990年开始实施的人类基因组计划是生命科学领域最庞大的全球性研究项目,中国承担着1%的测序任务;在后基因组计划的研究中,对于器官蛋白组尤其是肝脏的蛋白组研究中,中国处于领先地位。随着民族的振兴、国家的昌盛和科技的发展,中国的科技精英在医学科学尤其是生物化学领域的地位和作用越来越重要。

# 第三节　生物化学与医学

## 一、生物化学与日常生活

随着科技的飞速发展,生物化学与日常生活的联系越来越紧密。如市场上流通的豆油中有转基因食品,购买时注意其安全标志;菌种处理的各种食品、加热处理的牛奶、各种加酶洗衣粉、沼气的应用都与生物化学有联系。"食有千般味,盐是第一位",这些日常生活中提炼出来的生活小常识,无一不是生物化学知识在日常生活中的具体运用。

## 二、生物化学与其他学科

生物化学是从有机化学和生理学发展起来的一门边缘学科,已渗透到生物学的各个领域，并成为非常重要的基础医学学科，尤其是近些年来，同其他医学学科的关系更加密切，如在生理学、药理学等基础学科研究，心血管病、肾脏疾病等临床学科研究，更多地采用了生物化学的知识和方法，使得生物化学与其他医学学科相互促进，共同发展。

### 三、生物化学与护理职业

生物化学从更微观、更深层次的分子水平研究人体生物分子和能量代谢及信息传递，更本质地揭示疾病的发生、发展及其与诊疗、护理的关系，不仅是医学各专业的核心基础课程，也是护理、助产专业的重要基础课程。例如，缺乏蛋白质、核酸的结构、功能和代谢等知识，就会对消毒灭菌，抗生素和抗癌药物的作用原理、特点、适应证、注意事项及不良反应等问题不能进行很好的学习和理解，进而影响其工作的主动性和观察的预见性；缺乏营养物质代谢方面的知识，就会对临床常见的糖尿病、高脂血症、动脉粥样硬化、代谢性酸碱中毒等疾病的发生、发展、治疗、预防、预后等不能很好地认识和理解，更不能在临床护理工作中有针对性地进行护理并进行有效的健康教育，同时也不能对患者实施有效的营养代谢支持护理。

总之，作为护理和助产学生，学好生物化学知识十分重要。

（艾旭光）

# 第二章　蛋白质与核酸化学

**学习目标**

1. 掌握蛋白质与核酸的组成与结构特点。
2. 熟悉蛋白质与核酸的结构与功能的关系。
3. 了解蛋白质的理化性质、两类核酸化学组成的异同。

生物体是由各种不同的物质组成的，即使最简单的生物，也含有蛋白质和核酸这两类生物大分子。

## 第一节　蛋白质的分子组成

蛋白质是生物体的基本组成成分之一，也是生物体中含量最丰富的生物大分子，约占人体干重的 45%。蛋白质分布广泛、种类繁多，结构和功能各不相同，在物质代谢、组织修复、物质运输、肌肉收缩、机体防御、细胞信号转导等各种生命活动中，都发挥着不可替代的作用。

### 一、蛋白质的元素组成

组成蛋白质的元素主要有碳（50%～55%）、氢（6%～7%）、氧（19%～24%）、氮（13%～19%）等，还含有硫和少量的磷或铁、锰、锌、铜、钴、钼、碘等。各种蛋白质的含氮量很接近，平均为 16%，因此测定生物样品的含氮量就可按下式推算出蛋白质大致含量。

100g 样品中蛋白质含量（g%）= 每克样品中含氮克数 ×6.25×100%

### 二、蛋白质的基本组成单位——氨基酸

#### （一）氨基酸的结构特点

自然界中的氨基酸有 300 余种，生物体蛋白质常由 20 种氨基酸形成，各种氨基酸结构各不相同，均属于 L-α- 氨基酸。其中，脯氨酸属于 L-α- 亚氨基酸，而甘氨酸则属于 α- 氨基酸。氨基酸的结构通式见图 2-1。

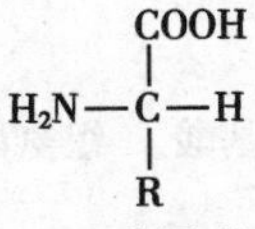

#### （二）氨基酸的分类

根据氨基酸侧链的结构和理化性质可将 20 种氨基酸分为
4 类：①非极性氨基酸；②非电离的极性氨基酸；③碱性氨基酸；④酸性氨基酸（表 2-1）。

$$\begin{array}{c} COOH \\ | \\ H_2N - C - H \\ | \\ R \end{array}$$

**L-α- 氨基酸**

图 2-1　α- 氨基酸的结构通式

表2-1 20种常见氨基酸的名称和结构式

| 名称 | | 中文简称 | 英文缩写 | | 结构式 | 等电点 |
|---|---|---|---|---|---|---|
| 非极性氨基酸 | 丙氨酸 | 丙 | Ala | A | $CH_3$—CH—$COO^-$ 丨 $^+NH_3$ | 6.02 |
| | 缬氨酸 * | 缬 | Val | V | $(CH_3)_2CH$—$CHCOO^-$ 丨 $^+NH_3$ | 5.97 |
| | 亮氨酸 * | 亮 | Leu | L | $(CH_3)_2CHCH_2$—$CHCOO^-$ 丨 $^+NH_3$ | 5.98 |
| | 异亮氨酸 * | 异亮 | Ile | I | $CH_3CH_2$—CH—$CHCOO^-$ 丨    丨 $CH_3$   $^+NH_3$ | 6.02 |
| | 苯丙氨酸 * | 苯丙 | Phe | F | $CH_2$—$CHCOO^-$ 丨 $^+NH_3$ | 5.48 |
| | 色氨酸 * | 色 | Trp | W | $CH_2CH$—$COO^-$ 丨 $^+NH_3$ | 5.89 |
| | 蛋(甲硫)氨酸 * | 蛋(甲硫) | Met | M | $CH_3SCH_2CH_2$—$CHCOO^-$ 丨 $^+NH_3$ | 5.75 |
| | 脯氨酸 | 脯 | Pro | P | 环状结构 $N^+$—$COO^-$ | 6.30 |
| 非电离的极性氨基酸 | 甘氨酸 | 甘 | Gly | G | $CH_2$—$COO^-$ 丨 $^+NH_3$ | 5.97 |
| | 丝氨酸 | 丝 | Ser | S | $HOCH_2$—$CHCOO^-$ 丨 $^+NH_3$ | 5.68 |
| | 苏氨酸 * | 苏 | Thr | T | $CH_3$—CH—$CHCOO^-$ 丨    丨 OH   $^+NH_3$ | 6.53 |
| | 半胱氨酸 | 半胱 | Cys | C | $HSCH_2$—$CHCOO^-$ 丨 $^+NH_3$ | 5.02 |
| | 酪氨酸 | 酪 | Tyr | Y | HO—$CH_2$—$CHCOO^-$ 丨 $^+NH_3$ | 5.66 |
| | 天冬酰胺 | 天胺 | Asn | N | $H_2N$—C(=O)—$CH_2CHCOO^-$ 丨 $^+NH_3$ | 5.41 |
| | 谷氨酰胺 | 谷胺 | Gln | Q | $H_2N$—C(=O)—$CH_2CH_2CHCOO^-$ 丨 $^+NH_3$ | 5.65 |
| 碱性氨基酸 | 组氨酸 | 组 | His | H | $CH_2CH$—$COO^-$ 丨 $^+NH_3$ (咪唑环) | 7.59 |

续表

| 名称 | 中文简称 | 英文缩写 | 结构式 | 等电点 |
|------|----------|----------|--------|--------|
| 赖氨酸 * | 赖 | Lys | K | $^+NH_3CH_2CH_2CH_2CH_2CHCOO^-$ 中 $NH_2$ | 9.74 |
| 精氨酸 | 精 | Arg | R | $^+NH_2$ 中 $H_2N-C-NHCH_2CH_2CH_2CHCOO^-$ 中 $NH_2$ | 10.76 |
| 酸性氨基酸 天冬氨酸 | 天冬 | Asp | D | $HOOCCH_2CHCOO^-$ 中 $^+NH_3$ | 2.97 |
| 谷氨酸 | 谷 | Glu | E | $HOOCCH_2CH_2CHCOO^-$ 中 $^+NH_3$ | 3.22 |

注：* 为必需氨基酸

### 三、蛋白质分子中氨基酸的连接方式

1．肽键　一个氨基酸的 α- 羧基与另一个氨基酸的 α- 氨基脱水缩合形成的酰胺键（—CO—NH—）称为肽键（图 2-2）。

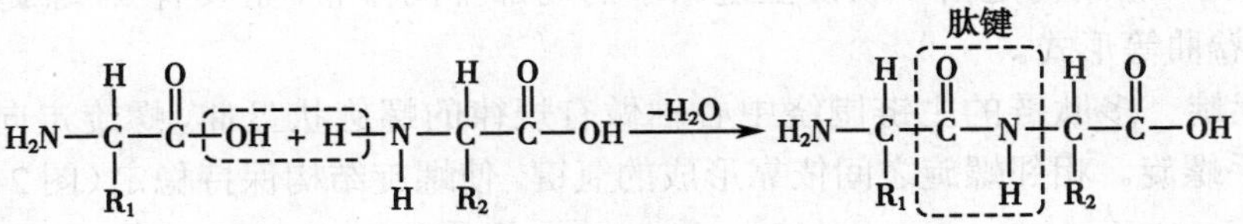

图 2-2　肽键及其形成

2．肽　氨基酸之间通过肽键连结起来的化合物称为肽。两个氨基酸形成的肽叫二肽，三个氨基酸形成的肽叫三肽；依次为四肽、五肽……由多个氨基酸相连而成的肽称为多肽。多肽链有两端，自由氨基的一端称氨基末端或 N 末端，通常写在左侧；自由羧基的一端称羧基末端或 C 末端，通常写在右侧。肽链分子中的氨基酸因脱水缩合而基团不全，被称为氨基酸残基。

蛋白质是由许多氨基酸残基组成、有特定的空间结构、有特定生物学功能的多肽。蛋白质氨基酸残基数通常在 50 个以上，50 个氨基酸残基以下的仍称为多肽。例如，常把由 39 个氨基酸残基组成的促肾上腺皮质激素称作多肽，而把含有 51 个氨基酸残基的胰岛素称作蛋白质。

3．体内重要的生物活性肽　生物体内存在许多具有生物活性的低分子肽，称作生物活性肽。如谷胱甘肽（GSH）是由谷氨酸、半胱氨酸和甘氨酸组的三肽，是体内重要的还原剂；保持细胞内含巯基的蛋白质或酶还原状态，维持蛋白质或酶的活性；与外源性的毒物、药物等结合，阻断这些物质与 DNA、RNA、蛋白质结合，从而对机体起到保护作用。

## 第二节　蛋白质的分子结构与功能

蛋白质分子是由许多氨基酸通过肽键相连形成的结构复杂的生物大分子。蛋白质复杂的分子结构可分为一级、二级、三级和四级。一级结构是蛋白质的基本结构，二、三、四级结构称为空间结构。蛋白质的生物学功能和性质是由其结构所决定的。

## 一、蛋白质的一级结构

蛋白质分子中氨基酸的排列顺序称为蛋白质的一级结构,维持一级结构的主要化学键是肽键,有些蛋白质还含有二硫键。胰岛素是第一个被确定一级结构的蛋白质(图2-3)。

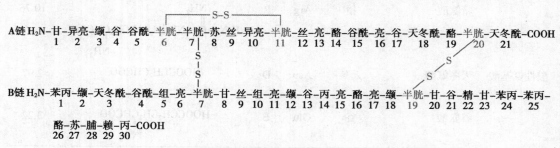

图 2-3　牛胰岛素一级结构示意图

## 二、蛋白质的空间结构

蛋白质的分子形状、理化性质和生物学活性与其空间结构密切相关。

### (一)蛋白质的二级结构

蛋白质的二级结构是指多肽链主链原子的局部空间排布,主要有 α-螺旋、β-折叠、β-转角和无规卷曲等形式。

1. α-螺旋　多肽链的主链围绕中心轴做有规律的螺旋状盘曲,螺旋走向为顺时针方向,称为右手螺旋。相邻螺旋之间依靠形成的氢键,使螺旋结构保持稳定(图2-4)。

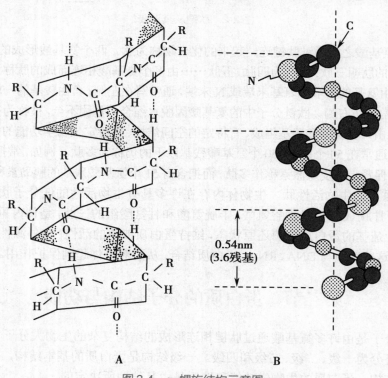

图 2-4　α-螺旋结构示意图

2.β-折叠 在β-折叠结构中,多肽链主链呈折纸状,以α-碳原子为旋转点,依次折叠成锯齿状结构,两条以上的多肽链或一条多肽链中的若干肽段可互相靠拢,顺向或逆向平行排列通过氢键相连,以维持β-折叠结构的稳定。

### (二)蛋白质的三级结构

蛋白质的三级结构是指整条肽链所有原子的空间排布。蛋白质三级结构的形成和稳定主要靠多肽链侧链基团间所形成的次级键,如氢键、离子键、二硫键、疏水键、范德华力等,其中以疏水键最为重要(图2-5)。

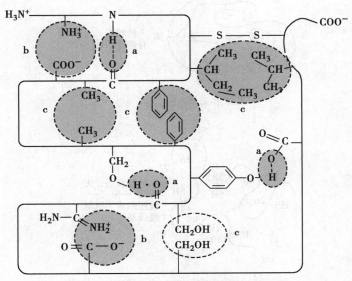

图2-5 维持蛋白质分子空间构象的化学键
a.氢键 b.离子键 c.疏水作用

### (三)蛋白质的四级结构

体内有许多蛋白质分子是由二条或二条以上具有独立三级结构的多肽链通过非共价键聚合而成,其中每条具有独立三级结构的多肽链称为亚基。蛋白质分子中各亚基之间的空间排布称为蛋白质的四级结构,维持四级结构稳定的非共价键主要为疏水键、氢键、离子键,其中离子键尤其重要。

## 三、蛋白质结构与功能的关系

### (一)蛋白质一级结构与功能的关系

一级结构是空间结构和功能的基础,如核糖核酸酶是依靠分子内二硫键及非共价键维持其空间结构并保持其活性。当有尿素和β-巯基乙醇存在时,二硫键和非共价键断裂,空间结构破坏,酶活性丧失;用透析的方法除去尿素和β-巯基乙醇后,由于一级结构未破坏,同时恢复原有的生物学功能(图2-6)。

### (二)空间结构与功能的关系

蛋白质的各种功能与其空间结构有着密切的关系。当蛋白质空间结构发生改变时,其生物学功能也随之发生变化。

正常成人红细胞中的血红蛋白由两条α链和两条β链组成。血红蛋白有两种构象,即

11

紧张态(T态)和松弛态(R态)。在血红蛋白无氧结合时,其亚基间结合紧密为 T 态,此时与氧的亲和力小;在组织中,血红蛋白呈 T 态,使血红蛋白释放出氧供组织利用。在血红蛋白结合氧时,亚基间呈相对松弛状态即 R 态,此时与氧的亲和力大,当第一个亚基与氧结合后,就会促使第二、三个亚基与氧结合,而前三个亚基与氧的结合,又大大促进了第四个亚基与氧结合;在肺器官内,血红蛋白呈 R 态,有利于血红蛋白在氧分压高的肺中迅速充分地与氧结合,从而完成其运输氧功能。

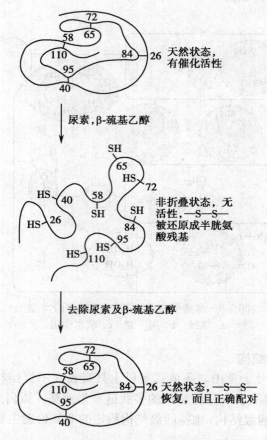

图 2-6 牛核糖核酸酶的一级结构与空间结构的关系

# 第三节 蛋白质的理化性质与分类

## 一、蛋白质的理化性质

### (一)蛋白质的两性解离和等电点

蛋白质和氨基酸具有两性解离性质。蛋白质分子除两端游离的氨基和羧基可解离外,肽链中的酸性和碱性氨基酸残基侧链上的某些基团,在一定的溶液 pH 条件下,都可解离成带负电荷或正电荷的基团。当蛋白质溶液处于某一 pH 时,蛋白质解离成阳离子和阴离子的趋势相等,即净电荷为零,成为兼性离子,此时溶液的 pH 称为蛋白质的等电点(pI)。

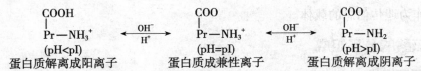

不同的蛋白质其等电点不同，当蛋白质溶液的 pH 小于其等电点时，蛋白质颗粒带正电荷，反之则带负电荷。血浆中大多数蛋白质的等电点在 pH 5.0 左右，因而在生理 pH 条件下，血浆蛋白质带负电荷。

### （二）蛋白质的胶体性质

蛋白质的分子量在 1 万至 100 万之间，其分子颗粒大小在胶体颗粒（1～100nm）范围内。蛋白质颗粒表面大多为亲水基团，可吸引水分子，使颗粒表面形成一层水化膜；蛋白质在等电点以外的 pH 环境中，颗粒表面带有同种电荷。水化膜和表面同种电荷可阻断蛋白质颗粒相互聚集，避免从溶液中析出，起到使蛋白质胶体溶液稳定的作用。如去除蛋白质胶粒表面电荷和水化膜两个稳定因素，蛋白质极易从溶液中析出而产生沉淀。

### （三）蛋白质的变性、沉淀和凝固

1．变性作用  在某些物理或化学因素作用下，蛋白质特定的空间构象被破坏，导致其理化性质改变和生物活性丧失，称为蛋白质的变性作用。

引起变性的化学因素有强酸、强碱、有机溶剂、尿素、去污剂、重金属离子等；物理因素有高热、高压、超声波、紫外线、X 线等。蛋白质变性的实质是次级键断裂，空间结构被破坏，但不涉及氨基酸序列的改变，一级结构仍然存在。

蛋白质变性在医学上具有重要的实际应用价值，例如消毒灭菌、保存生物制品等。大多数蛋白质变性后，空间构象严重破坏，不能恢复其天然状态，称为不可逆性变性；若蛋白质变性程度较轻，去除变性因素，有些可恢复其天然构象和生物活性，称为蛋白质的复性。

2．沉淀  蛋白质自溶液中析出的现象称为沉淀。蛋白质胶粒失去两个稳定因素就会发生沉淀。使蛋白质沉淀的方法有盐析法、有机溶剂、重金属盐及生物碱试剂的沉淀等。

3．凝固作用  加热使蛋白质变性并结成凝块，此凝块不再溶于强酸或强碱中，这种现象称为蛋白质的凝固作用。凝固实际上是蛋白质变性后进一步发展的不可逆的结果。

## 二、蛋白质的分类

蛋白质的种类繁多，分类方法也很多。

### （一）根据蛋白质的组成特点

将蛋白质分为单纯蛋白质和结合蛋白质两类。单纯蛋白质只含蛋白质；结合蛋白质除蛋白外，还有功能必需的非蛋白质部分，称辅基。

结合蛋白质按其非蛋白部分又分为核蛋白、糖蛋白、脂蛋白、磷蛋白、金属蛋白及色蛋白等。

### （二）根据蛋白质的分子形状

分为球状蛋白质和纤维状蛋白。球状蛋白质分子盘曲成球形或椭圆形，多数可溶于水；纤维蛋白质分子形似纤维，多数为结构蛋白，较难溶于水。

# 第四节  核酸的化学

核酸分为脱氧核糖核酸（DNA）和核糖核酸（RNA）。DNA 存在于细胞核和线粒体内，是遗传信息的载体；RNA 存在于细胞核和细胞质内，参与细胞内遗传信息的表达。病毒的

RNA 也可作为遗传信息的载体。

## 一、核酸的分子组成

### （一）元素组成

组成核酸的元素有 C、H、O、N、P 等五种元素，其中 P 元素的含量较多并且恒定，占 9%～10%。因此，核酸定量测定的经典方法，是用测定 P 含量来代表核酸量。

### （二）化学组成

核酸经水解可得到很多核苷酸，因此核苷酸是核酸的基本单位。核酸就是由很多单核苷酸聚合形成的多聚核苷酸。核苷酸可被水解产生核苷和磷酸，核苷还可再进一步水解，产生磷酸、戊糖和碱基。

$$核酸（DNA和RNA）\longrightarrow 核苷酸 \longrightarrow \begin{cases} 磷酸 \\ 核苷 \longrightarrow \begin{cases} 碱基（嘌呤和嘧啶） \\ 戊糖（核糖或脱氧核糖） \end{cases} \end{cases}$$

1. 碱基　构成核苷酸的碱基有两类——嘌呤和嘧啶（图 2-7）。嘌呤化合物主要是鸟嘌呤（G）和腺嘌呤（A），嘧啶类化合物主要是胞嘧啶（C）、尿嘧啶（U）和胸腺嘧啶（T）。

DNA 和 RNA 都含有鸟嘌呤（G）、腺嘌呤（A）和胞嘧啶（C），胸腺嘧啶（T）只存在于 DNA 中，尿嘧啶（U）只存在于 RNA 中。

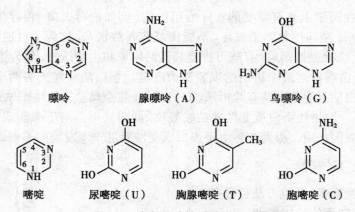

图 2-7　参与组成核酸的主要碱基

核酸中还有一些含量较少的碱基，称为稀有碱基。稀有碱基种类很多，它们是常见碱基的衍生物，如黄嘌呤、次黄嘌呤、二氢尿嘧啶、假尿嘧啶及各种甲基化碱基等。

2. 戊糖　核酸中的戊糖有两类，即 D- 核糖和 D-2- 脱氧核糖。D- 核糖存在于 RNA 中，D-2- 脱氧核糖存在于 DNA 中（图 2-8）。

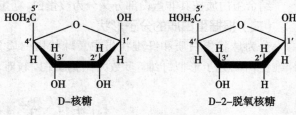

图 2-8　戊糖的结构式

### （三）核酸的基本组成单位——核苷酸

1. 核苷　核苷是碱基与戊糖以糖苷键相连接所形成的化合物，是由戊糖的第 1′ 位碳原子上的羟基和嘧啶的第 1 位氮原子或嘌呤的第 9 位氮原子的氢脱水缩合而成。组成 RNA 的核苷有腺苷、鸟苷、尿苷和胞苷,组成 DNA 的脱氧核苷有脱氧腺苷、脱氧鸟苷、脱氧尿苷和脱氧胞苷(图 2-9)。

2. **核苷酸**　核苷酸多数是核糖或脱氧核糖的 C5′ 上羟基被磷酸酯化,形成 5′- 核苷酸(图 2-10)。组成 RNA 的核苷酸有腺苷酸(AMP)、鸟苷酸(GMP)、尿苷酸(UMP)、胞苷酸(CMP),组成 DNA 的脱氧核苷酸有脱氧腺苷酸(dAMP)、脱氧胞苷酸(dCMP)、脱氧鸟苷酸(dGMP)和脱氧胸苷酸(dTMP)。

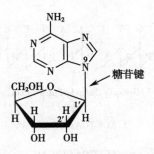

图 2-9　核苷的分子结构

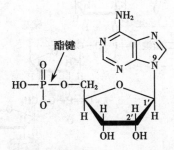

图 2-10　核苷酸的分子结构

5′- 核苷酸又可按其在 5′ 位缩合的磷酸基的多少,分为一磷酸核苷酸(NMP)、二磷酸核苷酸(NDP)和三磷酸核苷酸(NTP)。

## 二、核酸的分子结构

### (一)核酸的一级结构

核酸是由核苷酸聚合而成的生物大分子。组成 DNA 的脱氧核糖核苷酸主要是 dAMP、dGMP、dCMP 和 dTMP,组成 RNA 的核糖核苷酸主要是 AMP、GMP、CMP 和 UMP。

核酸的一级结构是核酸中核苷酸的排列顺序。由于核苷酸间的差异主要是碱基不同,所以也称碱基序列。对核酸一级结构的描述为将 5′- 磷酸末端书于左侧,中间部分为核苷酸残基,3′- 羟基末端书于右侧(图 2-11)。

### (二)核酸的空间结构

1. **DNA 的二级结构**　由 J.D.Watson 和 F.Crick 于 1953 年提出的 DNA 双螺旋结构具有下列特征。

(1)DNA 分子是由两条反向平行(一条链为 3′ → 5′,另一条链为 5′ → 3′)的多核苷酸链以右手螺旋方式围绕同一中心轴盘绕而成的双螺旋结构。

(2)在两条链中,磷酸与脱氧核糖链位于螺旋外侧,碱基位于螺旋内侧。两条链之间的碱基处在同一平面,构成碱基平面,碱基平面彼此平行、互相重叠,并垂直于双螺旋的中心轴,螺旋表面形成大沟和小沟。

(3)双螺旋的直径为 2nm,每两个相邻碱基对之间的距离为 0.34nm,其旋转夹角为 36°,螺旋每旋转一周含 10 对碱基,螺距为 3.4nm。

(4)两条多核苷酸链之间的碱基通过氢键配对,A－T 之间形成 2 个氢键,G－C 之间形成 3 个氢键(图 2-12)。

15

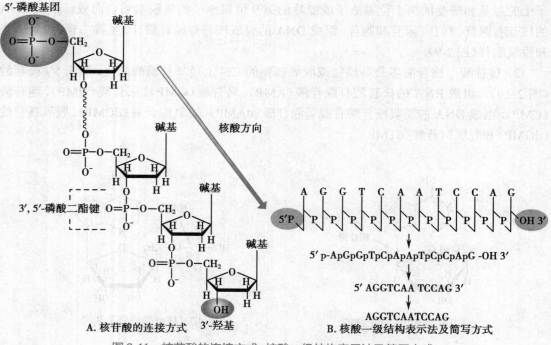

A. 核苷酸的连接方式　　B. 核酸一级结构表示法及简写方式

图 2-11 核苷酸的连接方式、核酸一级结构表示法及简写方式

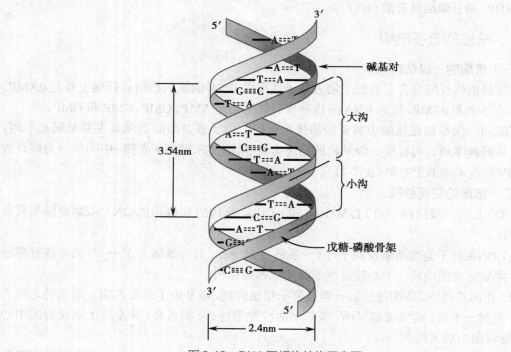

图 2-12 DNA 双螺旋结构示意图

**2. RNA 结构与功能** 与 DNA 相比，RNA 分子比较小，稳定性差，易被核酸酶水解。RNA 通常为单链，链内如有碱基互补的区域可形成局部双链区。体内 RNA 种类繁多，主要

有信使 RNA（mRNA）、转运 RNA（tRNA）、核糖体 RNA（rRNA），还有多种小 RNA（sRNA）。

（1）mRNA：mRNA 分子中带有遗传密码，其功能是为蛋白质的合成提供模板。mRNA 分子中每三个相邻的核苷酸组成一组，在蛋白质翻译合成时代表一个特定的氨基酸，这种核苷酸三联体称为遗传密码。

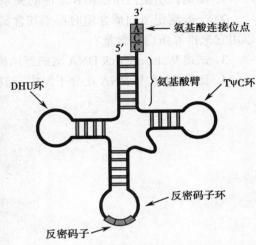

（2）tRNA：tRNA 分子内的核苷酸通过碱基互补配对形成多处局部双螺旋结构，形成了三叶草样二级结构。在此结构中，有一个为反密码子环，其环中部的三个碱基可以与 mRNA 中的三联体密码子形成碱基互补配对，构成所谓的反密码子；有一个臂由数个乃至二十余个核苷酸组成，所有 tRNA3′ 末端均有相同的 CCA－OH 结构，tRNA 所转运的氨基酸就连接在此末端上（图 2-13）。

（3）rRNA：rRNA 是细胞中含量最多的 RNA，占总量的 80%。rRNA 与蛋白质一起构成核糖体，是蛋白质生物合成的场所。

图 2-13　tRNA 的二级结构示意图

### 三、某些重要的核苷酸

在体内有一些重要游离核苷酸，如三磷酸腺苷（ATP）是体内能量的直接来源和利用形式，在代谢中发挥重要作用；GTP 可参与蛋白质的合成，UTP 参与糖原的合成，CTP 参与磷脂的合成。还有 3′，5′- 环化腺苷酸（cAMP）和 3′，5′- 环化鸟苷酸（cGMP），在细胞内代谢调节和细胞信号传递中作为第二信使（图 2-14）。

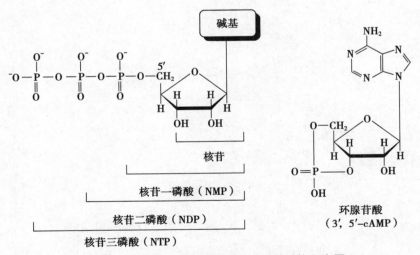

图 2-14　多磷酸核苷酸和环化核苷酸的结构示意图

核苷酸还参与某些生物活性物质的组成，如尼克酰胺腺嘌呤二核苷酸（$NAD^+$），尼克酰胺腺嘌呤二核苷酸磷酸（$NADP^+$）和黄素腺嘌呤二核苷酸（FAD）。

（郑学锋）

**思考题**

1．举例说明蛋白质结构和功能的关系。

2．一般测定蛋白质含量时都用其含氮量乘以 6.25，这一数值是怎样得来的？为什么可以用它来推算蛋白质含量？

3．试述 Watson-Crick DNA 双螺旋结构模型的要点。

4．比较 DNA 与 RNA 在分子组成、结构及功能上的异同点。

# 实验一 血清总蛋白测定(双缩脲法)

【实验目的】

1. 学会双缩脲法测定血清总蛋白的操作技术。

2. 熟练掌握血清的制备方法。

3. 学会分光光度计的使用。

【实验原理】 蛋白质分子中的肽键在碱性条件下与铜离子作用生成紫红色的络合物,产生的颜色强度在一定范围内与蛋白质的含量成正比,与同样处理的蛋白质标准液比较,计算出血清总蛋白质含量。

两分子尿素脱去一分子氨,进而缩合成一分子双缩脲,在碱性条件下双缩脲与铜离子结合成红紫色络合物,此反应称为双缩脲反应。

【试剂】

1. 154mmol/L 氯化钠溶液 称取氯化钠 0.9g,用蒸馏水溶解并加至 100ml。

2. 6mol/L 氢氧化钠溶液 称取氢氧化钠 240g,溶解于新鲜制备的蒸馏水并加至 1L。

3. 双缩脲试剂 称取未失结晶水的硫酸铜($CuSO_4 \cdot 5H_2O$)3.0g,溶解于 500ml 新鲜制备的蒸馏水,加酒石酸钾钠($NaKC_4H_4O_6 \cdot 4H_2O$)9.0g,碘化钾 5.0g,完全溶解后,加入 6mol/L 氢氧化钠溶液 100ml,加蒸馏水至 1L。

4. 蛋白质标准液 商用血清蛋白标准液,按要求配制。

【操作】

血清总蛋白质测定操作步骤

| 加入物(ml) | 测定管 | 标准管 | 空白管 |
| --- | --- | --- | --- |
| 血清 | 0.1 | — | — |
| 蛋白质标准液 | — | 0.1 | — |
| 154mmol/L 氯化钠溶液 | 0.4 | 0.4 | 0.4 |
| 双缩脲试剂 | 5.0 | 5.0 | 5.0 |

混匀,置 37℃ 水浴中,保温 10 分钟,用分光光度计比色,波长 540nm,以空白管调零,分别读取标准管及测定管的吸光度。

19

【计算】

$$血清总蛋白(g/L) = \frac{测定管吸光度}{标准管吸光度} \times 蛋白质标准液浓度$$

【思考题】

1. 血清蛋白质在患什么疾病时降低？
2. 简要说出血清蛋白质的种类和功能。

（艾旭光）

# 第三章 酶和维生素

## 第一节 酶 的 概 述

酶(E)是由活细胞合成的具有高效催化作用的蛋白质。生物体内的新陈代谢是由许多复杂而有规律的化学反应组成,这些化学反应几乎都是在生物体内特有的催化剂——酶的催化下,有条不紊地快速进行,没有酶就没有生命。

酶所催化的反应称为酶促反应。在酶促反应中,受酶催化的物质称为底物(S);反应的生成物称为产物(P);酶所具有的催化能力称为酶活性;如果酶丧失催化能力称为酶失活。

### 一、酶的分子组成

酶按其化学组成不同可分为单纯酶和结合酶。

1. 单纯酶 为单纯蛋白质,只由氨基酸组成。催化水解反应的酶属于此类酶,如蛋白酶、脂肪酶、核糖核酸酶和淀粉酶等。

2. 结合酶 为结合蛋白质,由蛋白质部分和非蛋白质部分组成。前者称为酶蛋白,后者称为辅助因子。酶蛋白与辅助因子结合形成的复合物称为全酶。酶蛋白与辅助因子单独存在时均无催化活性,只有结合在一起构成全酶后才有催化活性。其中酶蛋白决定酶的特异性,辅助因子决定酶促反应的类型。

辅助因子的化学本质有两类。一类是金属离子,如 $K^+$、$Mg^{2+}$、$Zn^{2+}$、$Cu^{2+}$、$Fe^{2+}$ 等。金属离子的作用主要是稳定酶分子结构、作为酶活性中心的催化基团参与催化反应及传递电子等。另一类是化学性质稳定的小分子有机物,主要是 B 族维生素或其衍生物(表 3-1),在酶促反应中起传递电子、质子和化学基团的作用。

辅助因子根据其与酶蛋白结合的紧密程度及作用特点不同可分为辅酶与辅基。与酶蛋白结合疏松,用透析或超滤的方法能够将其与酶蛋白分离的称为辅酶;反之,与酶蛋白结合紧密,用透析或超滤的方法不能将其与酶蛋白分离的称为辅基。金属离子多为酶的辅基,小分子有机化合物有的属于辅酶($NAD^+$、$NADP^+$ 等),有的属于辅基($FAD$、$FMN$ 等)。

表 3-1　含 B 族维生素的辅酶或辅基在酶催化中的作用

| 辅酶或辅基 | 所含维生素 | 主要功能 | 结合酶举例 |
|---|---|---|---|
| 焦磷酸硫胺素（TPP） | 维生素 $B_1$ | 脱羧 | α- 酮酸氧化脱氢酶系 |
| 黄素单核苷酸（FMN） | 维生素 $B_2$ | 递氢 | 黄酶 |
| 黄素腺嘌呤二核苷酸（FAD） | 维生素 $B_2$ | 递氢 | 琥珀酸脱氢酶 |
| 尼克酰胺腺嘌呤二核苷酸（$NAD^+$） | 维生素 PP | 递氢 | 乳酸脱氢酶 |
| 尼克酰胺腺嘌呤二核苷酸磷酸（$NADP^+$） | 维生素 PP | 递氢 | 6- 磷酸葡萄糖脱氢酶 |
| 磷酸吡哆醛、磷酸吡多胺 | 维生素 $B_6$ | 转移氨基 | 丙氨酸氨基转移酶 |
| 辅酶 A（HS-CoA） | 泛酸 | 转移酰基 | 酰基转移酶 |
| 四氢叶酸（$FH_4$） | 叶酸 | 转移一碳单位 | 一碳单位转移酶 |
| 甲基钴胺素 | 维生素 $B_{12}$ | 转移甲基 | $N^5$- 甲基四氢叶酸转移酶 |

## 二、酶的分子结构

### （一）酶的活性中心和必需基团

1. 活性中心　酶分子中氨基酸残基的侧链由不同的化学基团组成。其中一些与酶的活性密切相关的化学基团称作酶的必需基团。这些必需基团在一级结构上可能相距很远，但在空间结构上彼此靠近，组成具有特定空间结构的区域，能和底物特异的结合并将底物转化为产物。这一区域称为酶的活性中心。辅酶或辅基参与酶活性中心的组成。

2. 必需基团　酶活性中心内的必需基团有两类：结合基团结合底物和辅酶，使之与酶形成复合物；催化基团则影响底物中某些化学键的稳定性，催化底物发生化学反应并将其转变成产物（图 3-1）。组氨酸残基的咪唑基、丝氨酸残基的羟基、羧基是构成酶活性中心的常见基团。

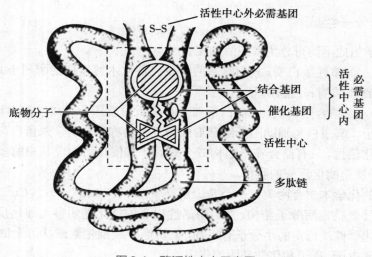

图 3-1　酶活性中心示意图

### （二）酶原与酶原的激活

有些酶在细胞内合成或初分泌时无催化活性，必须在一定的条件下才能转变为有活性的酶。这种无活性的酶的前身物称酶原。酶原转变成有活性的酶的过程称为酶原的激活

（图 3-2）。酶原激活的实质就是酶的活性中心形成或暴露的过程。如胰蛋白酶原在胰腺内合成和初分泌时，以无活性的酶原形式存在，当其随胰液进入小肠后，在 $Ca^{2+}$ 存在下受肠激酶的作用，从 N 端水解掉一个六肽，分子构象发生了改变，形成了活性中心，胰蛋白酶原转变成有催化活性的胰蛋白酶。

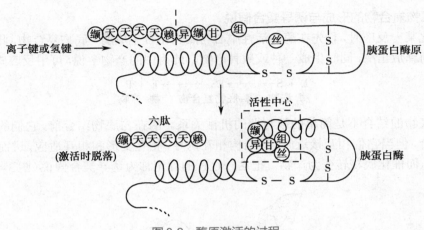

图 3-2　酶原激活的过程

酶原的激活具有重要的生理意义：避免细胞产生的蛋白酶对自身进行消化，使酶在特定部位和环境中发挥催化作用。如消化腺的蛋白水解酶以酶原的形式分泌。临床上急性胰腺炎就是因为某些原因引起胰蛋白酶原等在胰腺组织被激活所致。

### （三）同工酶

同工酶是指催化相同的化学反应，而酶蛋白的分子结构、理化性质及免疫学性质不同的一组酶。同工酶存在于同一种属或同一个体的不同组织中，甚至存在于同一细胞的不同亚细胞结构中，在代谢调节中起重要作用。现已发现 500 多种酶具有同工酶，如乳酸脱氢酶（LDH）、己糖激酶、肌酸激酶等。乳酸脱氢酶有骨骼肌型（M 型）和心肌型（H 型）两型亚基，由两种亚基以不同比例组成的四聚体，存在五种 LDH 形式（图 3-3），即 $H_4$（$LDH_1$）、$H_3M_1$（$LDH_2$）、$H_2M_2$（$LDH_3$）、$H_1M_3$（$LDH_4$）和 $M_4$（$LDH_5$）。

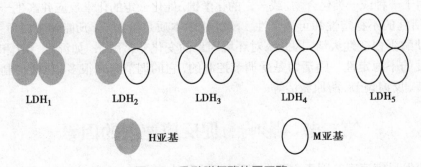

图 3-3　乳酸脱氢酶的同工酶

同工酶的测定已应用于临床诊断。如正常血清 $LDH_2$ 活性高于 $LDH_1$，心肌梗死时细胞内 $LDH_1$ 大量释放到血液，使血清中 $LDH_1$ 活性高于 $LDH_2$，而肝脏疾病时 $LDH_5$ 活性升高。

23

### 三、酶促反应的机制

化学反应速度取决于反应体系中活化分子的数目,活化分子数越多,反应越快。酶能通过其特有的机制,比一般催化剂更大幅度地提高反应体系中活化分子的数目,表现出极高的催化效率。

#### 酶 - 底物复合物的形成与诱导契合假说

酶催化某一反应时,首先在酶的活性中心与底物结合生成酶 - 底物复合物,此复合物再进行分解而释放出酶,同时生成一种或数种产物。此为中间产物学说,可用反应式表示:

$$E + S \longrightarrow ES \longrightarrow E + P$$

$$\text{酶 \quad 底物} \qquad \text{酶–底物复合物} \qquad \text{酶 \quad 产物}$$

酶与底物的结合不是简单的锁与匙的机械关系。酶在与底物结合前,它们的结构不一定完全吻合,但当它们相互接近时,其结构相互诱导,相互变形和相互适应,进而相互结合形成 ES,从而催化底物转变为产物。把这一过程的理论称为诱导契合假说(图 3-4)。

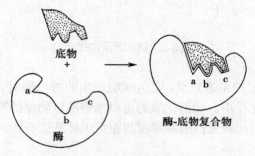

图 3-4　诱导契合假说示意图

### 四、酶促反应的特点

1．**高度的催化效率**　酶具有极高的催化效率,通常比非催化反应高 $10^8 \sim 10^{20}$ 倍,比一般催化剂高 $10^7 \sim 10^{13}$ 倍。

2．**高度的特异性**　酶对其作用底物的选择性称为酶的特异性或酶的专一性。即一种酶只能作用于一种或一类化合物,或一定的化学键,催化一定的化学反应并产生一定的产物。

3．**酶活性的不稳定性和可调节性**　酶的化学本质是蛋白质,凡能使蛋白质变性的理化因素都能使酶蛋白变性失活,因此酶对环境因素的变化非常敏感,如温度、pH 和抑制剂等,表现出高度的不稳定性。酶活力是受调节控制的,它的调节方式很多,包括抑制剂调节、共价修饰调节、反馈调节、酶原激活等。

## 第二节　影响酶促反应速度的因素

影响酶促反应速度的因素主要有底物浓度、酶浓度、pH、温度、激活剂和抑制剂等。

### 一、底物浓度的影响

当酶的浓度不变的情况下,底物浓度对酶促反应的影响呈矩形双曲线关系(图 3-5)。

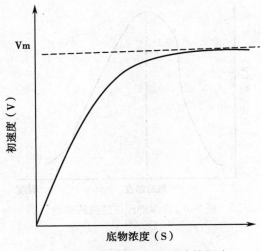

图 3-5 底物浓度对反应速度的影响

## 二、酶浓度的影响

在一定温度和 pH 的条件下,当底物浓度大大超过酶的浓度时,酶的浓度与反应速度成正比关系(图 3-6)。

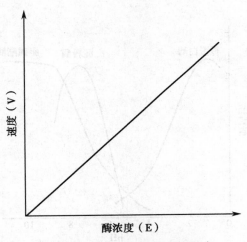

图 3-6 酶浓度对反应速度的影响

## 三、温度的影响

温度对酶促反应速度具有双重影响。温度升高可以使反应速度加快;同时也使酶蛋白变性加速,反应速度则因酶蛋白变性而减慢。使酶促反应速度最快时的环境温度称为酶的最适温度。温血动物体内酶的最适温度多在 35～40℃。

低温使酶的活性降低但不使酶破坏。温度回升后,酶又能恢复活性。临床上低温麻醉就是利用酶的这一特性来降低组织细胞的代谢速度,提高患者在手术期间对营养物质和氧缺乏的耐受力。此外,酶、疫苗等生物制剂则需要低温保存,防止酶变性失活。

酶的最适温度不是酶的特征性常数,可随反应时间的缩短而提高(图 3-7)。

25

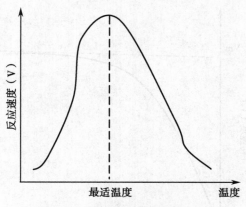

图 3-7　温度对反应速度的影响

### 四、pH 的影响

酶促反应速度受环境 pH 的影响。酶促反应速度最大时的 pH 称为酶的最适 pH。

最适 pH 不是酶的特征性常数,受底物浓度、缓冲液的种类与浓度及酶的纯度等因素影响。不同的酶最适 pH 不同,体内大多数酶的最适 pH 接近中性,也有例外,如胃蛋白酶的最适 pH 约为 1.8,胆碱酯酶最适 pH 为 9.8(图 3-8)。

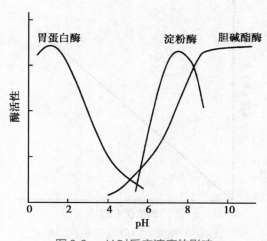

图 3-8　pH 对反应速度的影响

### 五、激活剂的影响

使酶从无活性变为有活性或使酶活性增加的物质称酶的激活剂。激活剂包括金属离子($Mg^{2+}$、$K^+$ 等)和小分子有机物(胆汁酸盐等)。有的激活剂是酶促反应必不可少的,如果缺乏酶将没有活性,此类激活剂称为必需激活剂。大多数金属离子属此类。有些激活剂当它们不存在时,酶仍有催化活性,但活性较低,加入激活剂后,酶的催化活性显著提高,此类激活剂称为非必需激活剂。如胆汁酸盐对胰脂肪酶的激活,$Cl^-$ 是唾液淀粉酶的非必需激活剂。

## 六、抑制剂的影响

凡能使酶活性降低而不引起酶蛋白变性的物质统称为酶的抑制剂（I）。其抑制作用可分为不可逆性抑制与可逆性抑制两类。

### （一）不可逆性抑制

此类抑制剂与酶活性中心上的必需基团以共价键结合，使酶失去活性，用透析、超滤等方法不能将其去除，酶活性难以恢复，这种抑制作用称为不可逆抑制。例如农药1059、敌百虫、敌敌畏等有机磷化合物能特异地与胆碱酯酶活性中心的羟基结合，使酶失活，造成乙酰胆碱在体内积蓄，出现胆碱能神经过度兴奋而出现一系列中毒症状。解磷定能与有机磷杀虫剂结合，使胆碱酯酶游离而恢复活性。

低浓度的重金属离子 $Hg^{2+}$、$Ag^+$ 等及 $As^{3+}$ 能与酶分子的巯基共价结合，使酶失活。化学毒气——路易士气是一种含砷的化合物，能抑制体内巯基酶而引起人畜中毒。二巯基丙醇或二巯基丁二酸分子中含有两个巯基，可与毒剂结合，使巯基酶的活性恢复进行解毒。

### （二）可逆性抑制

此类抑制剂以非共价键与酶或酶-底物结合可逆性结合，使酶活性降低或丧失，用透析或超滤等方法能去除，使酶恢复活性。可逆性抑制可分为两类。

1. 竞争性抑制　抑制剂和底物的结构相似，可与底物竞争同一酶的活性中心，从而阻碍酶与底物结合形成中间产物，酶促反应速度减慢，这种抑制作用称竞争性抑制。

由于抑制剂与酶的结合是可逆的，因此可通过增加底物浓度使抑制作用减弱甚至解除。抑制程度的强弱取决于抑制剂与酶的相对亲和力及与底物浓度的相对比例。

竞争性抑制作用的原理可阐明许多药物的作用机制，磺胺类药物对某些细菌的抑制作用是典型代表。

**知识窗**

#### 酶的竞争性抑制剂（磺胺类药物）在临床上的应用

磺胺类药物与对氨基苯甲酸的结构相似，是二氢叶酸合成酶的竞争性抑制剂，可抑制二氢叶酸的合成。二氢叶酸是四氢叶酸的前体，后者是核苷酸、核酸合成过程中必不可少的辅酶，二氢叶酸合成障碍就会使菌体内四氢叶酸生成减少，核酸的合成受阻，细菌的生长繁殖受到抑制。人类以及对磺胺类药物不敏感的细菌能直接利用叶酸，故核酸的合成不受磺胺类药物的干扰。根据竞争性抑制作用的特点，服用磺胺类药物时必须保持血液中药物的浓度远远大于对氨基苯甲酸的浓度，达到有效的抑菌作用。

$$NH_2 \text{—} \bigcirc \text{—} COOH \qquad NH_2 \text{—} \bigcirc \text{—} SO_2NHR$$

对氨基苯甲酸　　　　　　　　磺胺类药物

许多抗代谢物如抗癌药甲氨蝶呤（MTX）、5-氟尿嘧啶（5-FU）、6-巯基嘌呤（6-MP）等，都是相应酶的竞争性抑制剂，均通过竞争性抑制作用达到治疗目的。

2. 非竞争性抑制　抑制剂与底物的结构不相似，不影响酶与底物结合，而是与酶的活性中心以外的必需基团结合,底物与抑制剂之间无竞争关系,这种抑制作用称为非竞争性抑制。抑制作用的强弱仅取决于抑制剂的浓度,增加底物浓度不能解除抑制。

# 第三节　酶的分类、命名及其在医学上的应用

## 一、酶的分类与命名

### (一)酶的分类

根据国际酶学委员会(IEC)的规定,按照酶促反应性质酶可分为6大类:

1. 氧化还原酶类　催化底物进行氧化还原反应的酶类,如琥珀酸脱氢酶。

2. 转移酶类　催化底物之间进行基团的转移或交换的酶类,如氨基转移酶。

3. 水解酶类　催化底物发生水解反应的酶类,如蛋白酶、淀粉酶等。

4. 裂解酶类　催化底物移去一个基团并留下双键的反应或其可逆反应的酶类,如碳酸酐酶。

5. 异构酶类　催化各种同分异构体之间相互转化的酶类,如磷酸丙糖异构酶。

6. 合成酶类(或连接酶类)　催化两分子底物合成一分子化合物,同时偶联有 ATP 的磷酸键断裂释能的酶类,如谷氨酰胺合成酶。

### (二)酶的命名

1. 习惯命名法　根据酶催化的底物、反应性质以及酶的来源命名。习惯命名法简单,使用时间长,但缺乏系统性。

2. 系统命名法　国际酶学委员会以酶的分类为依据于 1961 年提出了系统命名法。规定每一种酶均有一个系统名称,标明了酶的所有底物与反应性质,底物名称之间用":"分隔。系统命名法虽然合理,但名称过长,过于复杂,为了应用方便,国际酶学委员会又从每种酶的数个习惯名称中选定一个简便实用的推荐名称。

## 二、酶在医学上的应用

### (一)酶与疾病的发生

1. 遗传性疾病　至今已发现数千种先天性代谢病是由于遗传性酶缺陷引起的。如酪氨酸酶缺乏会引起白化病。

2. 中毒性疾病　酶活性受抑制也将引起疾病。如有机磷农药中毒是由于胆碱酯酶活性受抑制所致,氰化物中毒是由于细胞色素氧化酶受抑制所致。

### (二)酶与疾病的诊断

许多组织器官的病变能引起血液等体液中酶活性的改变,临床上常通过测定血中某些酶的活性来协助对疾病的诊断。

1. 活性升高　①某些组织器官受损造成细胞破坏或细胞膜通透性增高,使细胞内某些酶大量释放入血,如急性肝炎时血清丙氨酸氨基转移酶活性升高,急性胰腺炎时,血清和尿中淀粉酶活性升高;②细胞的转换率或细胞增殖增快,使其特异性酶释放入血,如前列腺癌患者血中酸性磷酸酶活性增加;③酶的合成增加或清除受阻,如佝偻病患者,成骨细胞活性增强,合成碱性磷酸酶增加。

2. 活性降低　酶的合成障碍或活性受抑制,如肝功能严重受损时,凝血因子Ⅱ、Ⅶ、

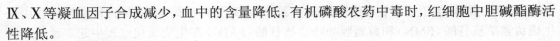

IX、X等凝血因子合成减少,血中的含量降低;有机磷酸农药中毒时,红细胞中胆碱酯酶活性降低。

**（三）酶与疾病的治疗**

临床上许多药物对疾病的治疗时通过抑制生物体内某些酶的活性来发挥作用。例如,6-巯基嘌呤、5-氟尿嘧啶等抑制核酸代谢途径中相关酶的活性,从而达到抑制肿瘤细胞增殖的目的;磺胺类药物抑制了敏感菌体内的二氢叶酸合成酶而达到治疗目的。

酶还可作为药物用于临床治疗。如帮助消化的药物胃蛋白酶、胰蛋白酶、胰淀粉酶等;用于消炎的药物溶菌酶、菠萝蛋白酶等;防止血栓形成以及溶解血栓的药物链激酶、尿激酶和纤溶酶等。

# 第四节 维 生 素

维生素是维持机体正常生理功能所必需,但在体内不能合成或合成量不足,必须由食物供给的一类低分子有机化合物。维生素的每日需要量甚少(常以毫克或微克计),它们既不是构成机体组织的原料,也不是体内供能的物质,然而在调节物质代谢、促进生长发育和维持生理功能等方面却发挥着重要作用。如果长期缺乏某种维生素,就会导致疾病。

维生素按其溶解性分为脂溶性维生素和水溶性维生素。

## 一、脂溶性维生素

1. 维生素A　又称抗干眼病维生素。维生素A的生理作用主要是构成视网膜的感光物质、维持上皮细胞的完整、促进生长和发育等。维生素A缺乏可致夜盲症、干眼病,儿童可出现生长停顿、骨骼成长不良和发育受阻。

2. 维生素D　又称抗佝偻病维生素。维生素D主要生理作用是促进小肠对钙、磷的吸收,提高血钙、血磷的浓度,有利于新骨的生成和钙化。维生素$D_3$缺乏时,儿童发生佝偻病,成人特别是孕妇、乳母易发生骨软化症。

3. 维生素E　又称生育酚。维生素E主要生理作用是抗氧化、动物生殖及血红素合成有关。临床上常用维生素E治疗习惯性流产和先兆流产。

4. 维生素K　又称凝血维生素。维生素K的主要生理作用是可以促进肝脏合成多种凝血因子,促进血液凝固。缺乏维生素K时,凝血时间延长,严重时发生皮下、肌肉和胃肠道出血。

## 二、水溶性维生素

水溶性维生素的共同特点是多在自然界中共存,酵母和肝脏较多;作为酶的辅基而发挥其调节物质代谢作用(表3-1);大多易溶于水,对酸稳定,易被碱破坏。

1. 维生素$B_1$、硫辛酸、生物素及泛酸　这四种维生素主要参与糖和脂肪的代谢,硫胺素和硫辛酸与氧化脱羧反应有关,生物素与羧化反应有关,而泛酸则通过构成辅酶A参与酰基化反应。其中硫辛酸、生物素和泛酸自然界广泛存在而很少引起缺乏病。

当维生素$B_1$缺乏时,典型的如丙酮酸的氧化脱羧受阻,组织内丙酮酸堆积,导致细胞功能障碍,特别是神经传导的障碍,最终导致肌肉萎缩、心肌无力、周围神经疾患,以及中枢容易兴奋、疲劳等,即干性脚气病,如果伴有水肿,则为湿性脚气病。

2. **维生素 B$_2$、维生素 PP 和维生素 B$_6$** 维生素 B$_2$ 又称核黄素,在体内经磷酸化作用可生成黄素单核苷酸(FMN)和黄素腺嘌呤二核苷酸(FAD),在生物氧化过程中起着递氢体的作用,能促进糖、脂肪、蛋白质的代谢。维生素 B$_2$ 缺乏时,主要表现为口角炎、舌炎、阴囊炎及角膜血管增生和巩膜充血等。

维生素 PP 又称抗癞皮病因子,包括烟酸(尼克酸)和烟酰胺(尼克酰胺),烟酰胺是构成辅酶 I(NAD$^+$)和辅酶 II(NADP$^+$)的成分,在生物氧化过程中起着递氢体的作用。维生素 PP 缺乏时,主要表现为癞皮病,其特征是体表暴露部分出现对称性皮炎,此外还有消化不良、精神不安等症状,严重时可出现顽固性腹泻和精神失常。临床上利用烟酸扩张血管、降低血胆固醇的作用治疗心绞痛和高胆固醇血症。

维生素 B$_6$ 包括吡哆醇、吡哆醛和吡哆胺三种化合物,在体内可以相互转变,参与氨基酸的转氨、某些氨基酸的脱羧基作用。缺乏维生素 B$_6$ 时,反应受阻致使血中同型半胱氨酸含量增高,发生高同型半胱氨酸血症,后者是诱发动脉粥样硬化的重要因素。

3. **叶酸和维生素 B$_{12}$** 叶酸在体内必须转变成四氢叶酸(FH$_4$)才有生理活性,四氢叶酸是一碳单位转移酶的辅酶,一碳单位参与嘌呤和嘧啶等物质的合成,在核酸的生物合成中起重要作用。叶酸缺乏时可导致 DNA 合成障碍,骨髓幼红细胞分裂增殖速度下降,细胞体积增大,核内染色质疏松,造成巨幼红细胞贫血。

维生素 B$_{12}$ 又称钴胺素,在体内的活性形式有甲基钴胺素和 5'- 脱氧腺苷钴胺素。甲基钴胺素参与体内甲基移换反应和叶酸代谢,是 N5- 甲基四氢叶酸甲基移换酶的辅酶。缺乏维生素 B$_{12}$,与缺乏叶酸一样,导致巨幼红细胞性贫血。

4. **维生素 C** 又名抗坏血酸。植物组织中含有抗坏血酸氧化酶,能将维生素 C 氧化而失活。故食物贮存过久,维生素 C 会大量破坏。维生素 C 能可逆地脱氢和加氢,在体内氧化还原反应中发挥重要的作用,主要生理作用:①参与羟化反应;②肝的生物转化作用,与药物、毒物、激素等转化有关;③参与氧化还原反应。

(郑学锋)

 思考题

1. 举例说明酶抑制剂的竞争性抑制作用在临床上的应用。

2. 什么叫同工酶?有何临床意义?

3. 酶原与酶原的激活有何生理意义?

4. 指出下列病症分别是由于哪种(些)维生素缺乏引起的?

①脚气病;②坏血病;③佝偻病;④干眼病;⑤癞皮病;⑥软骨病;⑦新生儿出血;⑧巨红细胞贫血。

# 实验二　血清乳酸脱氢酶(LDH)测定(比色法)

【实验目的】

1. 学会比色法测定血清乳酸脱氢酶(LDH)的操作技术。

2. 熟练掌握标准曲线绘制方法。

3. 学会分光光度计的使用。

【实验原理】　乳酸脱氢酶在有辅酶Ⅰ(NAD⁺)存在的情况下，使乳酸脱氢生成丙酮酸。丙酮酸与2,4-二硝基苯肼作用，生成丙酮酸苯腙，在碱性溶液中呈红棕色，颜色的深浅与丙酮酸的浓度成正比。与同样处理的丙酮酸标准液进行比色，求得乳酸脱氢酶的活力单位。

$$CH_3\text{—}CHOH\text{—}COOH + NAD^+ \xrightleftharpoons[pH8.8\sim9.8]{LDH} CH_3\text{—}C=O\text{—}COOH + NADH + H^+$$

$$CH_3\text{—}C=O\text{—}COOH + H_2N\text{—}HN\text{—}C_6H_3(NO_2)_2 \xrightarrow[-H_2O]{NaOH} CH_3\text{—}C=N\text{—}HN\text{—}C_6H_3(NO_2)_2\text{—}COOH$$

【试剂】

1. 底物缓冲液(含0.3mol/L乳酸锂，pH8.8)　称取二乙醇胺2.1g、乳酸锂2.9g，加蒸馏水约80ml，以1mol/L盐酸调节至pH8.8，加水至100ml。

2. 11.3mmol/L辅酶Ⅰ溶液　称取氧化型辅酶Ⅰ15mg溶于2ml蒸馏水中。

3. 1mmol/L2,4-二硝基苯肼溶液　称取2,4-二硝基苯肼200mg，加4mol/L盐酸250ml，溶解后加蒸馏水至1L。

4. 0.4mol/L氢氧化钠溶液。

5. 0.5mmol/L丙酮酸标准溶液　准确称取丙酮酸钠11mg，以底物缓冲液溶解后移入200ml容量瓶，加底物缓冲液稀释至刻度，临用前配制。

【操作】　LDH测定操作步骤见表3-2。

表3-2　LDH测定操作步骤

| 加入物(ml) | 测定管 | 对照管 |
| --- | --- | --- |
| 血清 | 0.01 | 0.01 |
| 底物缓冲液 | 0.5 | 0.5 |
| | 37℃水浴5分钟 | |
| 辅酶Ⅰ溶液 | 0.1 | — |
| | 37℃水浴15分钟 | |
| 2,4-二硝基苯肼溶液 | 0.5 | 0.5 |
| 辅酶Ⅰ溶液 | — | 0.1 |
| | 37℃水浴15分钟 | |
| 0.4mol/L氢氧化钠溶液 | 5.0 | 5.0 |

置室温 3 分钟后,波长 440nm 分光光度计比色,以蒸馏水调零,分别读取测定管与对照管的吸光度之差值查标准曲线,求活力单位。

【标准曲线绘制】 标准曲线绘制步骤(表 3-3)。

表 3-3 标准曲线绘制步骤

| 加入物(ml) | 0 | 1 | 2 | 3 | 4 | 5 |
|---|---|---|---|---|---|---|
| 丙酮酸标准溶液 | 0 | 0.025 | 0.05 | 0.1 | 0.15 | 0.20 |
| 底物缓冲液 | 0.50 | 0.475 | 0.45 | 0.40 | 0.35 | 0.3 |
| 蒸馏水 | 0.11 | 0.11 | 0.11 | 0.11 | 0.11 | 0.11 |
| 2,4-二硝基苯肼溶液 | 0.5 | 0.5 | 0.5 | 0.5 | 0.5 | 0.5 |
| 37℃水浴 15 分钟 | | | | | | |
| 0.4mol/L 氢氧化钠溶液 | 5.0 | 5.0 | 5.0 | 5.0 | 5.0 | 5.0 |
| 相当于 LDH 活性金氏单位 | 0 | 125 | 250 | 500 | 750 | 1000 |

置室温 3 分钟后,波长 440nm 分光光度计比色,以蒸馏水调零,读取各管吸光度与相应单位数绘制标准曲线。

【单位定义】 以 100ml 标本在 37℃与底物作用 15 分钟,生成 1μmol 丙酮酸为 1 个乳酸脱氢酶活力单位。

【思考题】

1. 乳酸脱氢酶在什么情况下升高?

2. 为什么要绘制标准曲线?

(艾旭光)

# 第四章 糖 代 谢

　　糖广泛存在于动植物体内，其化学本质是多羟基醛或多羟基酮及其衍生物或多聚物。人类食物中的糖主要是淀粉，其次是少量的蔗糖、麦芽糖、乳糖、葡萄糖、果糖等。人体内的糖主要是葡萄糖和糖原。葡萄糖是糖在体内的运输和利用形式；糖原是葡萄糖的多聚体，是糖在体内的储存形式。

# 第一节 概 述

## 一、糖的生理功能

　　1. 氧化供能　糖的主要生理功能是为机体活动提供能量。1g 葡萄糖在体内完全氧化成 $CO_2$ 和 $H_2O$，可释放 16.7kJ 的能量。人体每日所需的能量50%～70%是由糖氧化供给。

　　2. 构成机体组织细胞结构　糖及糖的衍生物可与脂类、蛋白质结合形成糖脂、糖蛋白或蛋白聚糖等。这些物质是构成细胞膜、结缔组织、神经组织等的主要成分；核糖、脱氧核糖则分别是 RNA 和 DNA 的组成成分，是染色体重要组成部分。

　　3. 参与形成许多重要物质　糖参与免疫球蛋白、血型物质、某些激素及绝大部分凝血因子的组成。ATP、$NAD^+$、$NADP^+$、FAD 等许多重要活性物质中都含有糖，均在物质代谢过程中发挥重要作用。

## 二、糖代谢概况

　　糖代谢主要是指葡萄糖在体内的一系列化学变化，在不同的生理条件下，葡萄糖代谢的途径是不同的。供氧充足时，葡萄糖能彻底氧化生成 $CO_2$、$H_2O$ 和大量 ATP；无氧或缺氧时，葡萄糖分解生成乳酸和 ATP；在一些代谢旺盛的组织中，葡萄糖则通过磷酸戊糖途径代谢。体内血糖充足时，肝、肌肉等组织可以把葡萄糖合成糖原储存，反之则进行糖原分解。同时，有些非糖物质如乳酸、丙酮酸、生糖氨基酸、甘油等能经糖异生转变成葡萄糖；葡萄糖也可转变成其他非糖物质(图4-1)。

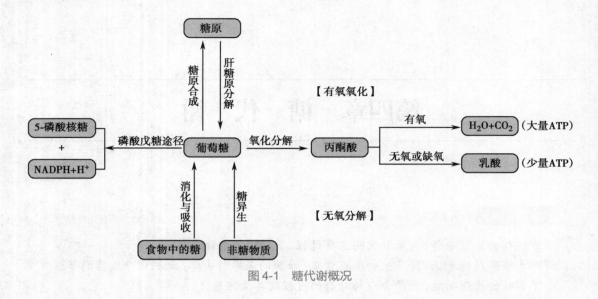

图 4-1 糖代谢概况

# 第二节 糖的分解代谢

糖的分解代谢主要有无氧分解、有氧氧化及磷酸戊糖等途径。

## 一、糖的无氧分解

糖的无氧分解是指葡萄糖或糖原在无氧或缺氧条件下,分解生成乳酸并产生 ATP 的过程。这一过程与酵母菌使糖生醇发酵相似,故又称糖酵解。糖酵解在全身各组织细胞的细胞液中均可进行,尤以红细胞和肌组织中活跃。

### (一)糖酵解的反应过程

糖酵解的反应过程可分为两个阶段:第一阶段是葡萄糖(或糖原)分解生成丙酮酸,称为糖酵解途径;第二阶段是丙酮酸还原生成乳酸。

1. 糖酵解途径

(1)葡萄糖磷酸化生成 6- 磷酸葡萄糖:葡萄糖在己糖激酶(肝细胞内是葡萄糖激酶)催化下,由 ATP 提供磷酸和能量,生成 6- 磷酸葡萄糖。

$$葡萄糖 \xrightarrow[\substack{Mg^{2+} \\ ATP \quad ADP}]{己糖激酶} 6\text{-}磷酸葡萄糖$$

此反应不可逆,消耗 ATP。己糖激酶是关键酶。关键酶是指在代谢途径中决定反应速度和方向的酶。

糖原进行糖酵解时,非还原端的葡萄糖单位先进行磷酸解生成 1- 磷酸葡萄糖,再经磷酸葡萄糖变位酶催化生成 6- 磷酸葡萄糖,不消耗 ATP。

(2)6- 磷酸葡萄糖异构为 6- 磷酸果糖

$$6\text{-}磷酸葡萄糖 \xleftarrow{\quad 磷酸己糖激酶 \quad} 6\text{-}磷酸果糖$$

（3）6- 磷酸果糖磷酸化生成 1，6- 二磷酸果糖：此反应不可逆，消耗 ATP。磷酸果糖激酶是关键酶。

$$6-磷酸葡萄糖 \xrightarrow[\substack{ATP \quad Mg^{2+} \quad ADP}]{磷酸果糖激酶} 1,6-二磷酸果糖$$

（4）1，6- 二磷酸果糖裂解生成 2 分子的磷酸丙糖：含 6 碳的 1，6- 二磷酸果糖经醛缩酶催化裂解生成一分子磷酸二羟丙酮和一分子 3- 磷酸甘油醛。二者为同分异构体，在异构酶的催化下可以互相转变。

（5）3- 磷酸甘油醛氧化生成 1，3- 二磷酸甘油酸：在 3- 磷酸甘油醛脱氢酶的催化下，3- 磷酸甘油醛脱氢并磷酸化生成含有高能磷酸键的 1，3- 二磷酸甘油酸，反应脱下的氢由辅酶 $NAD^+$ 接受生成 $NADH+H^+$。这是糖酵解中唯一的氧化反应。

$$3-磷酸甘油醛 \xleftrightarrow[\substack{Pi+NAD^+ \qquad NADH+H^+}]{3-磷酸甘油醛脱氢酶} 1,3-二磷酸甘油酸$$

（6）1，3- 二磷酸甘油酸转变为 3- 磷酸甘油酸：1，3- 二磷酸甘油酸的高能磷酸键在磷酸甘油酸激酶催化下，转移给 ADP 生成 ATP，自身转变为 3- 磷酸甘油酸。此种由底物分子中的高能磷酸键直接转移给 ADP 而生成 ATP 的方式，称为底物水平磷酸化。

$$1,3-二磷酸甘油酸 \xleftrightarrow[\substack{ADP \qquad ATP}]{磷酸甘油酸激酶} 3-磷酸甘油酸$$

（7）3- 磷酸甘油酸转变为 2- 磷酸甘油酸

$$3-磷酸甘油酸 \xleftrightarrow{磷酸甘油酸变位酶} 2-磷酸甘油酸$$

（8）2- 磷酸甘油酸脱水生成磷酸烯醇式丙酮酸：2- 磷酸甘油酸经烯醇化酶催化进行脱水的同时，分子内部的能量重新分配，生成含有高能磷酸键的磷酸烯醇式丙酮酸。

$$2-磷酸甘油酸 \xleftrightarrow{烯醇化酶} 磷酸烯醇式丙酮酸$$

（9）丙酮酸的生成：在丙酮酸激酶催化下，磷酸烯醇式丙酮酸上的高能磷酸键转移给 ADP 生成 ATP，自身则生成丙酮酸。这是糖酵解途径中的第二次底物水平磷酸化。此反应不可逆，丙酮酸激酶是关键酶。

$$磷酸烯醇式丙酮酸 \xrightarrow[\substack{ADP \quad K^+ \quad Mg^{2+} \quad ATP}]{丙酮酸激酶} 丙酮酸$$

2. 丙酮酸还原生成乳酸　机体缺氧时，在乳酸脱氢酶（LDH）催化下，由 3- 磷酸甘油醛脱氢反应生成的 $NADH+H^+$ 作为供氢体，将丙酮酸还原生成乳酸。$NADH+H^+$ 重新转变成 $NAD^+$，糖酵解才能继续进行。

$$丙酮酸 \xrightleftharpoons[\underset{NADH+H^+}{}]{\overset{乳酸脱氢酶}{}} 乳酸$$

在整个糖酵解的酶促反应中，有三步为不可逆反应，催化这三步反应的酶分别是己糖激酶、磷酸果糖激酶、丙酮酸激酶，是整个糖酵解过程的关键酶，调节这三个酶的活性可以影响糖酵解的速度（图 4-2）。

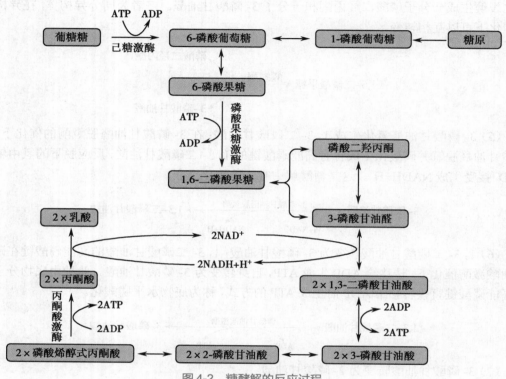

图 4-2 糖酵解的反应过程

## （二）糖酵解的生理意义

1 分子葡萄糖经糖酵解净生成 2 分子 ATP（表 4-1）；若从糖原开始，每分子葡萄糖单位净生成 3 分子 ATP。糖酵解虽然产生的能量不多，但生理意义特殊。

1. 迅速提供能量 这对肌肉组织尤为重要，肌肉组织中的 ATP 含量甚微，仅为 5～7μmol/g 新鲜组织，肌肉收缩几秒钟就可全部耗尽。此时即使不缺氧，葡萄糖进行有氧氧化的过程比糖酵解长得多，不能及时满足生理需要，而通过糖酵解则可迅速获得 ATP。

表 4-1 糖酵解过程中 ATP 的生成

| 反应 | 生成或消耗 ATP 数 |
| --- | --- |
| 葡萄糖 → 6- 磷酸葡萄糖 | −1 |
| 6- 磷酸果糖 → 1, 6- 二磷酸果糖 | −1 |
| 2×1, 3- 二磷酸甘油酸 → 2×3- 磷酸甘油酸 | 2 |
| 2× 磷酸烯醇式丙酮酸 → 2× 烯醇式丙酮酸 | 2 |

2．缺氧时的主要供能方式　如剧烈运动时，肌肉局部血流不足相对缺氧，必须通过糖酵解供能。某些病理情况，如严重贫血、大量失血、呼吸障碍、循环衰竭等，因供氧不足长时间依靠糖酵解供能，可导致乳酸堆积，引起乳酸酸中毒。

3．少数组织的能量来源　成熟红细胞没有线粒体，不能进行有氧氧化，完全依靠糖酵解供能；视网膜、肾髓质、皮肤、睾丸等也主要靠糖酵解供能；神经、白细胞、骨髓等部分靠糖酵解供能。

## 二、糖的有氧氧化

糖的有氧氧化是指葡萄糖或糖原在有氧条件下，彻底氧化分解生成 $CO_2$ 和 $H_2O$ 并产生大量 ATP 的过程。

### （一）有氧氧化的反应过程

糖的有氧氧化分三个阶段：第一阶段是葡萄糖或糖原在细胞液中循糖酵解途径分解生成丙酮酸；第二阶段是丙酮酸进入线粒体氧化脱羧生成乙酰 CoA；第三阶段是乙酰 CoA 经三羧酸循环彻底氧化生成 $CO_2$、$H_2O$（图 4-3）。

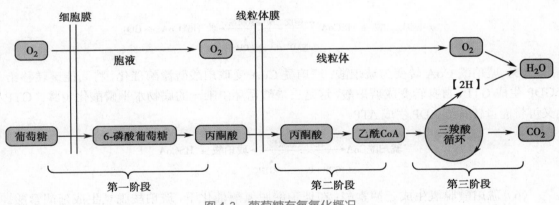

图 4-3　葡萄糖有氧氧化概况

1．丙酮酸的生成　与糖酵解途径相同。但反应中生成的 $NADH+H^+$ 不参与丙酮酸还原为乳酸的反应，而是经呼吸链氧化生成水并释放出能量。

2．乙酰 CoA 的生成　在细胞液中生成的丙酮酸进入线粒体，然后在丙酮酸脱氢酶系的催化下，进行脱氢（氧化）和脱羧（脱去 $CO_2$），并与辅酶 A（HSCoA）结合生成乙酰 CoA。整个反应是不可逆的。

$$\text{丙酮酸} + \text{HSCoA} \xrightarrow[\text{NAD}^+ \quad \text{NADH+H}^+]{\text{丙酮酸脱氢酶系}} \text{乙酰CoA} + CO_2$$

3．三羧酸循环　循环以乙酰 CoA 与草酰乙酸缩合生成含有三个羧基的柠檬酸开始，经过一系列代谢反应，又生成草酰乙酸，故称三羧酸循环（tricarboxylic acid cycle）或柠檬酸循环。由于最早由 H.A.Krebs 提出，也称 Krebs 循环。

（1）柠檬酸的生成：乙酰 CoA 与草酰乙酸在柠檬酸合成酶催化下缩合生成柠檬酸。此反应为不可逆反应，柠檬酸合成酶是关键酶。

$$乙酰CoA + 草酰乙酸 \xrightarrow{\text{柠檬酸合成酶}} 柠檬酸 + HSCoA$$

（2）柠檬酸异构生成异柠檬酸：在顺乌头酸酶的催化下，柠檬酸先脱水生成顺乌头酸，再加水异构成异柠檬酸。

$$柠檬酸 \xleftrightarrow{-H_2O} 顺乌头酸 \xleftrightarrow{+H_2O} 异柠檬酸$$

（3）异柠檬酸氧化脱羧生成 α- 酮戊二酸：在异柠檬酸脱氢酶催化下，异柠檬酸先脱氢再脱羧生成 α- 酮戊二酸，辅酶 $NAD^+$ 接受脱下的 2H 成为 $NADH+H^+$。此反应不可逆，异柠檬酸脱氢酶是关键酶。

$$异柠檬酸 \xrightarrow[\substack{NAD^+ \quad NADH+H^+}]{\text{异柠檬酸脱氢酶}} α-酮戊二酸 + CO_2$$

（4）α- 酮戊二酸氧化脱羧生成琥珀酰 CoA：在 α- 酮戊二酸脱氢酶系催化下，α- 酮戊二酸氧化脱羧生成琥珀酰 CoA，脱下的 2H 由 $NAD^+$ 接受成为 $NADH+H^+$，氧化产生的能量一部分储存于琥珀酰 CoA 的高能硫酯键中，所以琥珀酰 CoA 为高能化合物。此反应不可逆，α- 酮戊二酸脱氢酶系是关键酶。

$$α-酮戊二酸 + HSCoA \xrightarrow[\substack{NAD^+ \quad NADH+H^+}]{\text{α-酮戊二酸脱氢酶系}} 琥珀酰CoA + CO_2$$

（5）琥珀酰 CoA 转变为琥珀酸：琥珀酰 CoA 受琥珀酸硫激酶催化，将高能键转移给 GDP 生成 GTP，自身转变成琥珀酸，这是三羧酸循环中唯一的底物水平磷酸化步骤。GTP 又可将能量转移给 ADP 生成 ATP。

$$琥珀酰CoA \xleftrightarrow[\substack{GDP + Pi \quad GTP}]{\text{琥珀酸硫激酶}} 琥珀酸 + HSCoA$$

（6）琥珀酸脱氢生成延胡索酸：在琥珀酸脱氢酶催化下，琥珀酸脱氢生成延胡索酸。FAD 是琥珀酸脱氢酶的辅酶，接受脱下的 2H 生成 $FADH_2$。

$$琥珀酸 \xrightarrow[\substack{FAD \quad FADH_2}]{\text{琥珀酸脱氢酶}} 延胡索酸$$

（7）延胡索酸加水生成苹果酸：在延胡索酸酶催化下，延胡索酸加水生成苹果酸。

$$延胡索酸 + H_2O \xleftarrow{\text{延胡索酸酶}} 苹果酸$$

（8）苹果酸脱氢生成草酰乙酸：在苹果酸脱氢酶作用下，苹果酸脱氢生成草酰乙酸完成一次循环。$NAD^+$ 是苹果酸脱氢酶的辅酶，接受氢成为 $NADH+H^+$。

$$苹果酸 \xrightarrow[\substack{NAD^+ \quad NADH+H^+}]{\text{苹果酸脱氢酶}} 草酰乙酸$$

三羧酸循环是乙酰 CoA 彻底氧化的过程。循环中 1 分子乙酰 CoA 经 2 次脱羧，生成 2 分子 $CO_2$，这是体内 $CO_2$ 的主要来源；4 次脱氢，生成 3 分子 $NADH+H^+$、1 分子 $FADH_2$，每

分子 $NADH+H^+$ 经呼吸链氧化可产生 3 个 ATP，每分子 $FADH_2$ 经呼吸链氧化可产生 2 个 ATP；1 次底物水平磷酸化，生成 1 个 ATP。故 1 分子乙酰 CoA 经三羧酸循环彻底氧化共生成 12 个 ATP。

三羧酸循环中有三个关键酶——柠檬酸合成酶、异柠檬酸脱氢酶、α- 酮戊二酸脱氢酶系，由于它们所催化的反应是不可逆的，所以整个循环是不可逆的（图 4-4）。

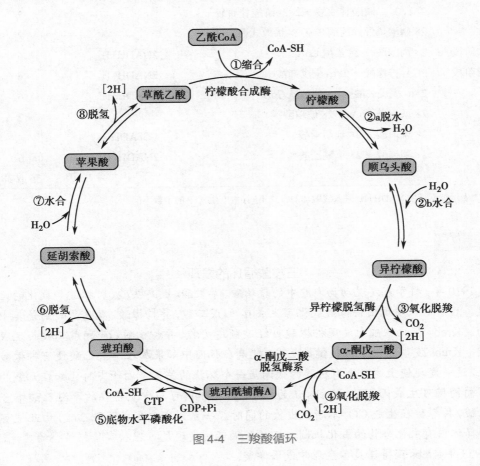

图 4-4　三羧酸循环

**（二）糖有氧氧化的生理意义**

1．有氧氧化是机体供能的主要方式　1 分子葡萄糖经有氧氧化生成 $CO_2$ 和 $H_2O$，能净生成 36 或 38 分子 ATP（表 4-2）。

2．三羧酸循环是体内糖、脂肪、蛋白质彻底氧化的共同途径　糖、脂肪、蛋白质经代谢后都能生成乙酰 CoA，进入三羧酸循环彻底氧化，最终产物都是 $CO_2$、$H_2O$ 和 ATP。

3．三羧酸循环是糖、脂肪、蛋白质代谢联系的枢纽　如糖代谢的中间产物 α- 酮戊二酸、丙酮酸及草酰乙酸通过氨基化能生成谷氨酸、丙氨酸、天冬氨酸；糖代谢的中间产物乙酰 CoA 是合成脂肪酸的原料；脂肪代谢的中间产物甘油可异生为糖，脂肪酸的氧化产物乙酰 CoA 则可进入三羧酸循环氧化；氨基酸代谢的产物 α- 酮酸也可异生为糖等。

表4-2　有氧氧化过程中 ATP 的生成

| 反应阶段 | 反应 | 辅酶 | ATP |
|---|---|---|---|
| 第一阶段<br>（胞液） | 葡萄糖→6- 磷酸葡萄糖 | | −1 |
| | 6- 磷酸果糖→1，6- 二磷酸果糖 | | −1 |
| | 2×3- 磷酸甘油醛→2×1，3- 二磷酸甘油酸 | $2NADH+H^+$ | 4 或 6* |
| | 2×1，3- 二磷酸甘油酸→2×3- 磷酸甘油酸 | | 2 |
| | 2×磷酸烯醇式丙酮酸→2×烯醇式丙酮酸 | | 2 |
| 第二阶段 | 2× 丙酮酸→2× 乙酰 CoA | $2NADH+H^+$ | 6 |
| 第三阶段 | 2× 异柠檬酸→2×α- 酮戊二酸 | $2NADH+H^+$ | 6 |
| | 2×α- 酮戊二酸→2× 琥珀酰 CoA | $2NADH+H^+$ | 6 |
| | 2× 琥珀酰 CoA→2× 琥珀酸 | | 2 |
| | 2× 琥珀酸→2× 延胡索酸 | $2FADH_2$ | 4 |
| | 2× 苹果酸→2× 草酰乙酸 | $2NADH+H^+$ | 6 |
| | 共计 | | 36 或 38 |

注：* 表示细胞液中 $NADH+H^+$ 进入线粒体的方式不同，故产生 ATP 的个数不同

知识窗

### 三羧酸循环的发现

　　1910 年，科学家发现动物肉糜中的琥珀酸、苹果酸、顺乌头酸、柠檬酸等氧化的比较迅速。后来有人发现由柠檬酸氧化可生成 α- 酮戊二酸，异柠檬酸、顺乌头酸则是其中间产物。Krebs 在此基础上发现柠檬酸可经过顺乌头酸、异柠檬酸、α- 酮戊二酸而生成琥珀酸。Krebs 发现了一个极关键的反应，就是在肌肉中如果加入草酰乙酸便有柠檬酸的产生，这一发现使上述 8 个有机酸的代谢呈一个环状的关系。由于当时已知在无氧的条件下葡萄糖可生成丙酮酸，Krebs 认为，丙酮酸在体内可与少量存在的草酰乙酸缩合成柠檬酸，柠檬酸在生成 $CO_2$ 不断放出氢的同时经一系列变化生成草酰乙酸，由此便可完全解释体内有机化合物的氧化机制。三羧酸循环的发现是推理和实验相结合的典范，因此 1953 年 Krebs 获得诺贝尔生理学或医学奖。

## 三、磷酸戊糖途径

　　此途径由 6- 磷酸葡萄糖开始，因在代谢过程中有磷酸戊糖的产生，所以称磷酸戊糖途径。主要发生在肝脏、脂肪组织、哺乳期的乳腺、肾上腺皮质、性腺、骨髓和红细胞等部位。

### （一）反应过程

　　磷酸戊糖途径在细胞液中进行。全过程可分为两个阶段：第一阶段是氧化反应阶段，生成磷酸戊糖；第二阶段是基团转移反应。

　　1. 磷酸戊糖的生成　　6- 磷酸葡萄糖经 2 次脱氢，生成 2 分子 $NADPH+H^+$，1 次脱羧反应生成 1 分子 $CO_2$，自身则转变成 5- 磷酸核糖。6- 磷酸葡萄糖脱氢酶是此途径的关键酶。

　　2. 基团转移反应　　第一阶段生成的 5- 磷酸核糖是合成核苷酸的原料，部分磷酸核糖通

过一系列基团转移反应,转变成6-磷酸果糖和3-磷酸甘油醛。它们可转变为6-磷酸葡萄糖继续进行磷酸戊糖途径,也可以进入糖的有氧氧化或糖酵解继续氧化分解(图4-5)。

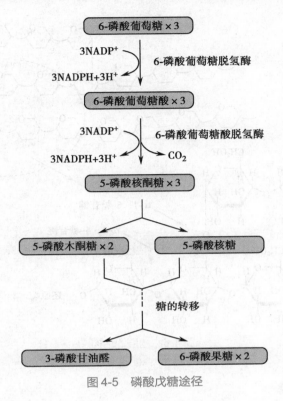

图 4-5 磷酸戊糖途径

**(二) 生理意义**

1. 提供 5-磷酸核糖  5-磷酸核糖是合成核苷酸的原料,核苷酸是核酸的基本组成单位。

2. 提供 NADPH+H$^+$  NADPH+H$^+$ 与 NADH+H$^+$ 不同,携带的氢不是通过呼吸链氧化磷酸化生成 ATP,而是参与许多代谢反应,发挥生物合成的作用。

(1) 作为供氢体参与脂肪酸、胆固醇和类固醇激素的生物合成。

(2) 谷胱甘肽还原酶的辅酶:对维持还原型谷胱甘肽(GSH)有很重要的作用。还原型谷胱甘肽是体内重要的抗氧化剂,能保护一些含巯基(—SH)的蛋白质和酶类免受氧化剂的破坏。在红细胞中还原型谷胱甘肽可以保护红细胞膜蛋白的完整性,当还原型谷胱甘肽(GSH)转化为氧化型谷胱甘肽(GSSG)时,则失去抗氧化作用。如 6-磷酸葡萄糖脱氢酶缺乏时,体内生成的 NADPH+H$^+$ 不足,不能使 GSSG 还原成 GSH,则红细胞膜易于破裂而发生溶血性贫血,患者常在食用蚕豆后发病,故又称蚕豆病。

(3) 参与肝脏生物转化反应:与激素、药物、毒物等的生物转化作用有关。

# 第三节 糖原的合成与分解

糖原是以葡萄糖为基本单位聚合而成的带分支的大分子多糖。分子中葡萄糖主要以 α-1,4-糖苷键相连形成直链,其中分支处以 α-1,6-糖苷键相连(图4-6)。体内糖原主要贮存于肝脏和肌肉中,肝糖原占肝重的 6%～8%,70～100g;肌糖原占肌肉的 1%～2%,250～400g。

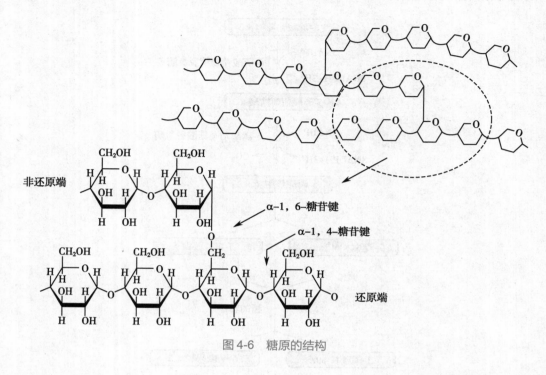

图 4-6 糖原的结构

## 一、糖原的合成

由单糖(葡萄糖、果糖、半乳糖等)合成糖原的过程称为糖原合成。反应主要在肝脏、肌肉的细胞液中进行,需要消耗 ATP 和 UTP。

### (一)糖原合成的反应过程

**1. 葡萄糖磷酸化生成 6- 磷酸葡萄糖** 与糖酵解的第一步反应相同。

$$\text{葡萄糖} \xrightarrow[\substack{\text{己糖激酶} \\ \text{Mg}^{2+}}]{} \text{6-磷酸葡萄糖}$$

（ATP    ADP）

**2. 6- 磷酸葡萄糖转变为 1- 磷酸葡萄糖**

$$\text{6-磷酸葡萄糖} \underset{\text{磷酸葡萄糖变位酶}}{\overset{}{\rightleftharpoons}} \text{1-磷酸葡萄糖}$$

**3. 1- 磷酸葡萄糖生成二磷酸尿苷葡萄糖（UDPG）** 在 UDPG 焦磷酸化酶的催化下,1- 磷酸葡萄糖与三磷酸尿苷（UTP）反应生成 UDPG 和焦磷酸（PPi）。

$$\text{1-磷酸葡萄糖 + UTP} \underset{\text{UDPG焦磷酸化酶}}{\overset{}{\rightleftharpoons}} \text{UDPG + PPi}$$

**4. 合成糖原** 游离状态的葡萄糖不能作为 UDPG 中葡萄糖基的受体,因此糖原合成过程中必需有糖原作为引物存在。在糖原合成酶催化下,UDPG 与糖原引物反应,将 UDPG 上的葡萄糖基转移到引物上,以 α-1,4- 糖苷键相连。糖合成酶是关键酶。

$$\text{糖原引物(Gn) + UTPG} \xrightarrow{\text{糖原合成酶}} \text{糖原(Gn}_{+1}\text{) + UDP}$$

上述反应反复进行，使糖原的糖链不断延长。当糖链长度达到 12～18 个葡萄糖基时，分支酶将 6～7 个葡萄糖基转移到邻近的糖链上，以 α-1,6- 糖苷键相连形成分支（图 4-7）。

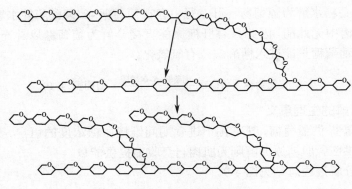

图 4-7　分支酶的作用

### （二）糖原合成的生理意义

糖原合成是机体储存葡萄糖的方式，也是储存能量的一种方式。同时对维持血糖浓度的恒定有重要意义，如进食后机体将摄入的糖合成糖原储存起来，以免血糖浓度过度升高。

## 二、糖原的分解

由肝糖原分解为葡萄糖的过程，称为糖原分解。肌糖原不能直接分解为葡萄糖，只能分解生成乳酸，再经糖异生途径转变为葡萄糖。

### （一）糖原分解的反应过程

**1. 糖原磷酸解为 1- 磷酸葡萄糖**　糖原磷酸化酶是糖原分解的关键酶，催化糖原非还原端的葡萄糖基磷酸化，生成 1- 磷酸葡萄糖。

$$糖原引物(Gn) + Pi \xrightarrow{\text{糖原磷酸化酶}} 糖原(Gn_{-1}) + 1\text{-磷酸葡萄糖}$$

当糖链分支仅剩 4 个葡萄糖基时，由脱支酶将 3 个葡萄糖基转移至邻近糖链，剩余的 1 个葡萄糖基再由脱支酶水解 α-1,6- 糖苷键，成为游离的葡萄糖（图 4-8）。在糖原磷酸化酶和脱支酶的交替作用下，糖原分支逐渐减少，糖原分支逐渐变小。

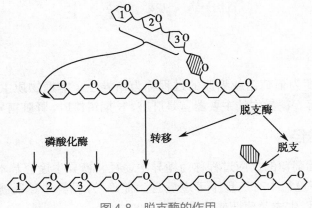

图 4-8　脱支酶的作用

**2. 1- 磷酸葡萄糖转变为 6- 磷酸葡萄糖**

$$1-磷酸葡萄糖 \xleftrightarrow{\text{磷酸葡萄糖变位酶}} 6-磷酸葡萄糖$$

**3. 6- 磷酸葡萄糖水解为葡萄糖** 肝及肾中存在葡萄糖 -6- 磷酸酶能水解 6- 磷酸葡萄糖生成葡萄糖。肌肉中无此酶,因此只有肝糖原能直接分解为葡萄糖以补充血糖,肌糖原分解生成的 6- 磷酸葡萄糖只能进入糖酵解或有氧氧化。

$$6-磷酸葡萄糖 + H_2O \xrightarrow{\text{葡萄糖-6-磷酸酶}} 葡萄糖 + Pi$$

### (二)糖原分解的生理意义

肝糖原分解能提供葡萄糖,既可在不进食期间维持血糖浓度的恒定,又可持续满足对脑组织等的能量供应。肌糖原分解则为肌肉自身收缩提供能量。

糖原合成与分解过程总结见图 4-9。

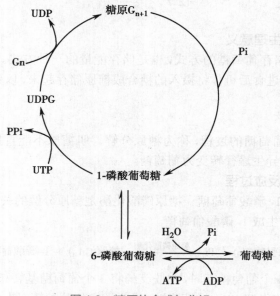

图 4-9 糖原的合成与分解

# 第四节 糖 异 生

## 一、糖异生的概念

由非糖物质转变为葡萄糖或糖原的过程称为糖异生。非糖物质主要有乳酸、丙酮酸、生糖氨基酸和甘油等。糖异生的主要器官是肝脏,长期饥饿时,肾脏糖异生加强。

## 二、糖异生途径

由丙酮酸生成葡萄糖的反应过程称为糖异生途径。糖异生途径基本上是糖酵解途径的逆过程,但是糖酵解途径中有三步不可逆反应("能障"),糖异生途径就是通过另外的酶催化,绕过"能障"逆行,生成葡萄糖或糖原(图 4-10)。

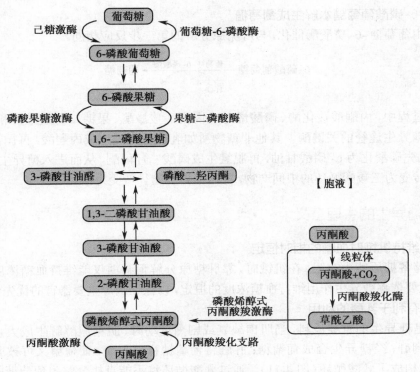

图 4-10　糖酵解途径与糖异生途径

## （一）丙酮酸羧化支路

丙酮酸在丙酮酸羧化酶催化下生成草酰乙酸，草酰乙酸在磷酸烯醇式丙酮酸羧激酶催化下，生成磷酸烯醇式丙酮酸。此过程称为丙酮酸羧化支路。

催化第一步反应的酶是丙酮酸羧化酶，由 ATP 供能固定 $CO_2$ 至丙酮酸上生成草酰乙酸。由于丙酮酸羧化酶仅存在于线粒体内，细胞液中的丙酮酸必须进入线粒体，才能羧化成草酰乙酸。

参与第二步反应的酶是磷酸烯醇式丙酮酸羧激酶，由 GTP 供能催化草酰乙酸脱羧生成磷酸烯醇式丙酮酸。由于此酶主要存在于细胞液中，生成的草酰乙酸还需经过一系列反应转运出线粒体。整个反应过程需要消耗 2 分子 ATP，才能克服此"能障"，属于不可逆反应。

## （二）1,6- 二磷酸果糖转变为 6- 磷酸果糖

反应由果糖二磷酸激酶催化，将 1,6- 二磷酸果糖水解为 6- 磷酸果糖。

$$1,6\text{-二磷酸葡萄糖} \xrightarrow{\text{果糖二磷酸激酶}} 6\text{-磷酸果糖}$$
$$H_2O \qquad Pi$$

### （三）6-磷酸葡萄糖水解生成葡萄糖
反应由葡萄糖-6-磷酸酶催化，与肝糖原分解的第三步反应相同。

$$6-磷酸葡萄糖 \xrightarrow[H_2O \quad\quad Pi]{葡萄糖-6-磷酸酶} 葡萄糖$$

上述过程中，丙酮酸羧化酶、磷酸烯醇式丙酮酸羧激酶、果糖二磷酸激酶和葡萄糖-6-磷酸酶是糖异生途径的关键酶。其他非糖物质如乳酸可脱氢生成丙酮酸，再循糖异生途径生糖；甘油先磷酸化为α-磷酸甘油，再脱氢生成磷酸二羟丙酮，从而进入糖异生途径；生糖氨基酸能转变为三羧酸循环的中间产物，再循糖异生途径转变为糖。

## 三、糖异生的生理意义

### （一）维持饥饿时血糖的相对恒定
人体储备糖原能力有限，在饥饿时，靠肝糖原分解葡萄糖仅能维持血糖浓度 8～12 小时，以后主要依赖糖异生作用维持血糖浓度的恒定，以保证脑等重要器官的优先供应。

### （二）有利于乳酸的利用
乳酸是糖异生的重要原料，当肌肉缺氧或剧烈运动时，肌糖原酵解生成大量乳酸并经血液运输到肝，经糖异生合成葡萄糖；肝脏将葡萄糖释放入血，葡萄糖又可被肌肉摄取利用，这样就构成了乳酸循环（图 4-11）。通过乳酸循环将不能直接分解为葡萄糖的肌糖原间接变为血糖，回收乳酸分子中的能量，防止乳酸酸中毒均有重要作用。

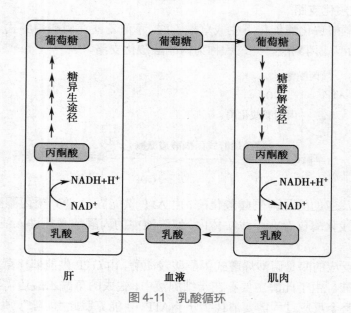

图 4-11　乳酸循环

### （三）有利于维持酸碱平衡
在长期饥饿的情况下，肾脏的糖异生加强，可促进肾小管细胞的泌氨作用，$NH_3$ 与原尿中 $H^+$ 结合成 $NH_4^+$，随尿排出体外，降低原尿中 $H^+$ 的浓度，加速排 $H^+$ 保 $Na^+$ 作用，有利于维持酸碱平衡，对防止酸中毒有重要意义。

# 第五节　血糖及其调节

血液中的葡萄糖，称为血糖。血糖水平随进食、活动等变化而波动。正常人空腹血糖水平为 3.9～6.1mmol/L。血糖水平的相对稳定对保证组织器官，特别是脑组织的正常生理活动具有重要意义。

## 一、血糖的来源和去路

### （一）血糖的来源

血糖的来源包括①食物中的糖类物质在肠道消化吸收入血的葡萄糖，是血糖的主要来源；②肝糖原分解的葡萄糖，为空腹时血糖的来源；③非糖物质在肝、肾中经糖异生作用转变为葡萄糖，是饥饿时血糖的来源。

### （二）血糖的去路

血糖的去路包括①在组织细胞中氧化分解供能，这是血糖的主要去路；②在肝、肌肉等组织合成糖原贮存；③转变成其他糖类及非糖物质，如核糖、脱氧核糖、脂肪、非必需氨基酸等；④血糖水平若高于肾糖阈时，尿中可出现葡萄糖，称为尿糖。血糖的来源与去路见图 4-12。

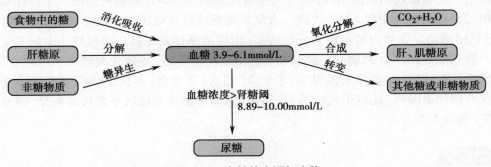

图 4-12　血糖的来源与去路

## 二、血糖水平的调节

### （一）肝脏的调节作用

肝脏是体内调节血糖水平的主要器官，可以通过肝糖原的分解与合成、糖异生作用来升高或降低血糖。

### （二）激素的调节作用

调节血糖水平的激素有两大类：降低血糖水平的激素——胰岛素；升高血糖水平的激素——胰高血糖素、肾上腺素、糖皮质激素等。两类激素的作用相互对立、互相制约，保持着血糖来源与去路的动态平衡（表 4-3）。

表 4-3　激素对血糖水平的调节

| 激素 | 生物化学机制 |
| --- | --- |
| 胰岛素 | ①促进组织细胞摄取葡萄糖 |
| | ②促进葡萄糖的氧化分解、促进糖原合成 |
| | ③抑制糖原分解、抑制糖异生 |

续表

| 激素 | 生物化学机制 |
| --- | --- |
| 胰高血糖素 | ①促进肝糖原分解、促进糖异生 |
| | ②抑制糖原合成 |
| 糖皮质激素 | ①促进糖异生 |
| | ②抑制组织细胞摄取葡萄糖 |
| 肾上腺素 | ①促进脂肪动员 |
| | ②促进糖异生、促进肝糖原分解 |

## 三、血糖水平异常

糖代谢障碍通常表现为血糖水平的异常,主要有高血糖和低血糖。

### (一)高血糖

高血糖是指空腹血糖水平大于 6.1mmol/L 时的代谢状态。如果空腹血糖水平超过 8.9mmol/L,超过了肾小管重吸收葡萄糖的能力,尿中可出现葡萄糖,称为糖尿,这一血糖值称为肾糖阈。

根据引起高血糖的原因不同,可分为生理性和病理性高血糖两种情况。生理性高血糖可因糖的来源增加而引起,如一次输入大量葡萄糖或进食糖类食物过多,引起饮食性高血糖;因情绪激动导致体内肾上腺素分泌增加,出现情感性高血糖。病理性高血糖多见于糖尿病。糖尿病是胰岛 B 细胞分泌的胰岛素相对或绝对不足,导致葡萄糖的利用减少,出现持续性高血糖或糖尿,临床表现为"三多一少"症状,即多食、多饮、多尿、体重减少。糖尿病不仅有糖代谢障碍,还可引起脂肪、蛋白质、水和电解质及酸碱平衡代谢紊乱,诱发多种并发症,威胁人类健康。

 知识窗

### 糖耐量及糖耐量试验(OGTT)

糖耐量:指人体对摄入的葡萄糖的耐受能力。即在一次性摄入大量葡萄糖之后,血糖水平不会出现大的波动和持续性升高。

糖耐量试验(OGTT):指临床上检验人体糖耐量的一种方法,多用于可疑糖尿病患者。方法:清晨空腹进行,一次服用 75g 葡萄糖(世界卫生组织推荐),溶于 250~300ml 水中,5 分钟内饮完,2 小时后测血糖。血糖水平<7.8mmol/L 为正常;7.8~11.1mmol/L 为糖耐量减低,是正常血糖代谢与糖尿病之间的中间状态;≥11.1mmol/L 考虑为糖尿病(需另一天再次证实)。

### (二)低血糖

低血糖是指空腹血糖水平低于 3.9mmol/L 时的代谢状态。当血糖低于一定程度时可出现低血糖症。临床表现有交感神经过度兴奋症状,如出汗、颤抖、心悸(心率加快)、面色苍白、肢凉等以及中枢神经症状,如头晕、视物模糊、步态不稳等。严重者可出现惊厥和低血糖休克,危及生命。

(王春梅 张文利)

**思考题**

1. 三羧酸循环有何特点？
2. 试比较糖酵解与有氧氧化的异同。
3. 简述血糖的来源、去路及其血糖水平的调节。

# 实验三 血清葡萄糖测定(葡萄糖氧化酶法)

【实验目的】

1. 学会葡萄糖氧化酶法测定血清葡萄糖的操作技术。
2. 熟练掌握 721 分光光度计的使用。

【实验原理】

葡萄糖氧化酶(GOD)能催化葡萄糖氧化成葡萄糖酸和过氧化氢,后者在过氧化物酶(POD)催化下分解,将无色的 4-氨基安替比林和苯酚氧化缩合生成红色的醌类化合物,颜色深浅在一定范围内与葡萄糖浓度成正比。测定该有色化合物的吸光度能计算出血糖含量。反应式如下:

$$葡萄糖 + 2H_2O + O_2 \xrightarrow{\text{GOD}} 葡萄糖 + H_2O_2$$

$$2H_2O_2 + 4\text{-氨基安替比林} \xrightarrow{\text{POD}} 红色醌类化合物$$

【实验步骤】

1. 试剂 市场上购买葡萄糖标准液、酶酚混合试剂
2. 器材 试管及试管架、恒温水浴箱、微量加液器、721 分光光度计。
3. 操作

(1) 取试管 3 支,编号,按表 4-4 操作。

表 4-4 葡萄糖氧化酶法操作步骤

| 加入物(ml) | 空白管 | 标准管 | 测定管 |
|---|---|---|---|
| 血清 | — | — | 0.02 |
| 葡萄糖标准液 | — | 0.02 | — |
| 蒸馏水 | 0.02 | — | — |
| 酶酚混合试剂 | 3.0 | 3.0 | 3.0 |

(2) 混匀,置 37℃水浴中,保温 15 分钟,用分光光度计比色,波长 505nm,以空白管调零,分别读取标准管及测定管的吸光度。

4. 计算

$$葡萄糖(mmol/L) = \frac{测定管吸光度}{标准管吸光度} \times 5$$

【思考题】

1. 血糖测定为什么要抽取空腹血标本?
2. 血糖水平为什么能保持动态平衡?

(王春梅)

# 第五章　生　物　氧　化

**学习目标**

1. 掌握呼吸链的概念和组成
2. 熟悉氧化磷酸化的概念。
3. 了解 ATP 的储存和利用。

食物中的糖、脂肪与蛋白质在体内氧化分解，生成 $CO_2$ 和 $H_2O$ 并逐步释放能量的过程称为生物氧化。由于这一过程是在组织细胞内进行的，并伴随消耗氧和产生 $CO_2$，故生物氧化又称组织呼吸或细胞呼吸。

## 第一节　概　　述

### 一、生物氧化的特点

1. 氧化环境温和　物质在体外氧化（燃烧）时反应条件剧烈，而生物氧化反应是在细胞内 37℃、近似中性的条件下进行的。

2. 能量逐步释放　物质在体外氧化能量是骤然释放的，在体内是由一系列酶催化逐步进行的，能量是逐步释放的。释放的能量有相当一部分以化学能的形式使 ADP 磷酸化生成 ATP，作为机体各种生理活动需要的直接能源。

3. 脱氢与脱羧　生物氧化中 $H_2O$ 是由物质脱下的氢经过一系列酶和辅酶逐步传递给氧生成，$CO_2$ 则由有机酸脱羧产生。体外氧化产生的 $CO_2$、$H_2O$ 是由物质中的碳和氢直接与氧反应生成。

### 二、生物氧化的一般过程和二氧化碳的生成

#### （一）生物氧化的一般过程

代谢物在体内的氧化可以分为三个阶段，首先是随着糖、脂肪和蛋白质分解代谢生成 $NADH+H^+$、$FADH_2$ 和 $CO_2$；第二阶段是 $NADH+H^+$ 和 $FADH_2$ 中的氢经呼吸链将电子传递给氧生成水；第三阶段是氧化过程中释放出来的能量用于 ATP。

#### （二）生物氧化过程中二氧化碳的生成

体内二氧化碳的生成是代谢中间物（有机酸）经脱羧反应生成的。按照羧基所连接的

位置不同,可将有机酸的脱羧作用分为 α- 脱羧和 β- 脱羧;按照脱羧时是否伴有氧化作用,可将有机酸的脱羧作用分为单纯脱羧和氧化脱羧。

四种脱羧方式如下:

1. α- 单纯脱羧　脱去 α 碳原子上的羧基,如 α- 氨基酸的脱羧作用:

$$R—\underset{\underset{NH_2}{|}}{CH}—COOH \xrightarrow{\text{氨基酸脱羧酶}} R—CH_2—NH_2 + CO_2$$

2. β- 单纯脱羧　脱去 β 碳原子上的羧基,如草酰乙酸的脱羧作用:

$$\underset{\text{草酰乙酸}}{HOOCCH_2COCOOH} \underset{\xleftarrow{\hspace{1cm}}}{\xrightarrow{\text{草酰乙酸脱羧酶}}} CH_3COCOOH + CO_2 \atop \text{丙酮酸}$$

3. α- 氧化脱羧　α 碳原子上的羧基脱落的同时伴有氧化反应,如丙酮酸的脱氢与脱羧作用:

$$\underset{\text{丙酮酸}}{CH_3COCOOH} + HSCoA \xrightarrow[\underset{NAD^+ \quad NADH+H^+}{}]{\text{丙酮酸脱氢酶系}} \underset{\text{乙酰辅酶A}}{CH_3CO\sim SCoA} + CO_2$$

4. β- 氧化脱羧　β 碳原子上的羧基脱落的同时伴有氧化反应,如异柠檬酸的脱氢与脱羧作用:

$$\underset{\text{异柠檬酸}}{\overset{CHOH—COOH}{\underset{CH_2—COOH}{\overset{|}{CH—COOH}}}} \xrightarrow[\underset{NAD^+ \quad NADH+H^+}{}]{\text{异柠檬酸脱氢酶}} \underset{\text{α-酮戊二酸}}{\overset{CO—COOH}{\underset{CH_2—COOH}{\overset{|}{CH_2}}}} + CO_2$$

# 第二节　生物氧化过程中水的生成

## 一、呼吸链

机体内代谢物脱下的成对氢原子(2H)通过多种酶和辅酶逐步传递,最终与氧结合生成水。这些酶和辅酶按一定顺序排列在线粒体内膜上,起到递氢或递电子的作用,构成了一条连锁的氧化还原体系。其中传递氢的酶或辅酶称为递氢体,传递电子的酶或辅酶称为电子传递体。这种在线粒体内膜上,由一系列递氢体、递电子体按一定顺序排列组成的,能够将代谢物脱下的氢传递给氧生成水的连锁反应体系称为电子传递链。由于此反应体系与细胞呼吸有关,故又称为呼吸链。

## 二、呼吸链的组成及作用

### (一)以 NAD⁺ 或 NADP⁺ 辅酶的脱氢酶类

NAD⁺ 和 NADP⁺ 是不需氧脱氢酶的辅酶,分别与不同的酶蛋白组成多种功能各异的不需氧脱氢酶。辅酶分子能可逆地加氢和脱氢,NAD⁺ 和 NADP⁺ 在进行加氢反应时,只接受 1

个氢原子和 1 个电子，将另 1 个 $H^+$ 游离出来。

$$NAD^+ + 2H \longleftrightarrow NADH + H^+$$

$$NADP^+ + 2H \longleftrightarrow NADPH + H^+$$

### （二）黄素蛋白

黄素蛋白（FP）因其辅基中含有维生素 $B_2$（核黄素）呈黄色而得名。黄素蛋白的种类很多，如琥珀酸脱氢酶、NADH 脱氢酶等，但辅基只有两种，即黄素单核苷酸（FMN）和黄素腺嘌呤二核苷酸（FAD），FMN 和 FAD 能可逆地进行加氢和脱氢反应。

$$FMN（或FAD） + 2H(2H^++2e) \longleftrightarrow FMNH_2（或FADH_2）$$

### （三）铁硫蛋白

铁硫蛋白（Fe－S）又称铁硫中心，含有等量的铁原子和硫原子（$Fe_2S_2$，$Fe_4S_4$），分子中的铁原子可通过可逆的 $Fe^{2+} \Longleftrightarrow Fe^{3+}+e$ 反应而传递电子，将电子传递给泛醌。

### （四）泛醌

泛醌（Q）又称辅酶 Q（CoQ），是一种脂溶性醌类化合物。CoQ 接受 1 个电子和 1 个质子还原成半醌型泛醌，再接受 1 个电子和 1 个质子还原成二氢泛醌，后者将 2 个电子传递给细胞色素 b，2 个质子则游离于介质中，自身则被氧化成醌。

### （五）细胞色素体系

细胞色素（Cyt）是一类以铁卟啉为辅基的催化电子传递的酶类。人体线粒体内膜上至少有 5 种不同的细胞色素，它们是 Cyta、$Cyta_3$、Cytb、Cytc、$Cytc_1$、Cytc。细胞色素铁卟啉中的铁原子可进行 $Fe^{2+} \Longleftrightarrow Fe^{3+}+e$ 反应传递电子。

细胞色素在呼吸链中的排列顺序为：Cytb → $Cytc_1$ → Cytc → Cyta → $Cyta_3$。Cyta 和 $Cyta_3$ 结合在同一条多肽链上，因二者结合紧密，很难分离，故称为 $Cytaa_3$。$Cytaa_3$ 可以直接将电子传递给氧，使氧被激活成氧离子，故亦称为细胞色素氧化酶。

## 三、呼吸链成分的排列

呼吸链的主要组成成分中，在线粒体内膜上除泛醌与 Cytc 以游离形式存在外，其余的成分均以复合体的形式存在。

复合体 I（NADH- 泛醌还原酶）：NADH- 泛醌还原酶（NADH 脱氢酶），含有黄素单核苷酸（FMN）和铁硫蛋白（Fe－S）。作用是将电子从 NADH 传递给泛醌。

复合体 II（琥珀酸 - 泛醌还原酶）：琥珀酸 - 泛醌还原酶（琥珀酸脱氢酶）含有黄素腺嘌呤二核苷酸（FAD）、细胞色素 b（Cytb）和铁硫蛋白。作用是将电子从琥珀酸传递给泛醌。

复合体 III（泛醌 - 细胞色素 C 还原酶）：泛醌 - 细胞色素 C 还原酶含有 Cytb、$Cytc_1$ 和铁硫蛋白。作用是将电子从泛醌传递给 Cytc。

复合体 IV（细胞色素 C 氧化酶）：细胞色素 C 氧化酶含有 Cyta、$Cyta_3$ 和铜离子。其作用是将电子从 Cytc 传递给 $O_2$。

代谢物脱下的氢及电子经复合体 I 或 II 传递给 Q，Q 将氢释放在线粒体基质中，将电子传递给复合体 III，复合体 III 再将电子转移给复合体 IV，最后将电子传递给氧。这样活化的氧离子可与基质中的氢离子结合成水（图 5-1）。

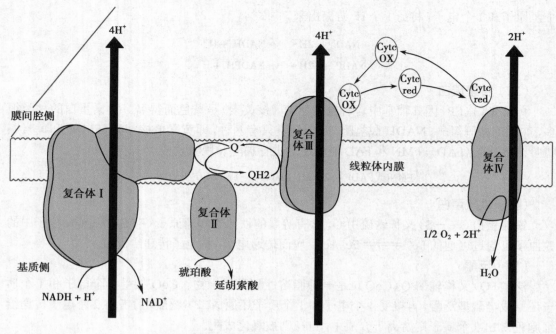

图 5-1 代谢物氧化脱下的氢及电子在四个复合体中的传递顺序示意图

## 四、呼吸链的类型

呼吸链按其组成成分、排列顺序和功能上的差异分为两种。

### （一）NADH 氧化呼吸链

由复合体 I、III、IV 和 CoQ、Cytc 组成。机体内大多数代谢物如苹果酸、乳酸等脱下的氢被 $NAD^+$ 接受生成 NADH+$H^+$，然后通过 NADH 氧化呼吸链逐步传递给氧。即 NADH+$H^+$ 脱下的 2H 通过复合体 I 传递给 CoQ 生成 $CoQH_2$，后者把 2H 中的 2$H^+$ 释放于介质中，而将 2e 经复合体 III 传给 Cytc，然后传至复合体 IV，最后交给 $O_2$，使氧激活，生成 $O^{2-}$，$O^{2-}$ 再与介质中的 2$H^+$ 结合生成 $H_2O$（图 5-2）。

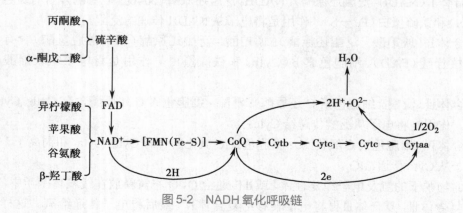

图 5-2 NADH 氧化呼吸链

## （二）琥珀酸氧化呼吸链

由复合体Ⅱ、Ⅲ、Ⅳ和 CoQ、Cytc 组成。琥珀酸在琥珀酸脱氢酶的催化下，脱下的 2H 经复合体Ⅱ传递给 CoQ 生成 $CoQH_2$，后者把 2H 中的 $2H^+$ 释放于介质中，而将 2e 经复合体Ⅲ传给 Cytc，然后传至复合体Ⅳ，最后交给 $O_2$，使氧激活，生成 $O^{2-}$，$O^{2-}$ 再与介质中的 $2H^+$ 结合生成 $H_2O$（图 5-3）。

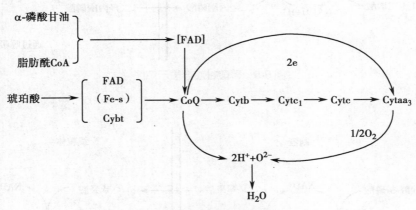

图 5-3　琥珀酸氧化呼吸链

## （三）两条电子传递链的关系（图 5-4）

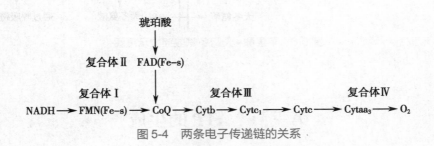

图 5-4　两条电子传递链的关系

## （四）细胞液中 $NADH+H^+$ 的氧化

1. 磷酸甘油穿梭　3- 磷酸甘油醛脱氢生成的 $NADH+H^+$，将磷酸二羟丙酮还原成 3- 磷酸甘油，3- 磷酸甘油可通过扩散作用进入线粒体，进入线粒体后，在 3- 磷酸甘油醛脱氢酶催化下生成磷酸二羟丙酮和 $FADH_2$，$FADH_2$ 经呼吸链传递，可生成 2 分子 ATP，磷酸二羟丙酮则扩散回细胞液（图 5-5）。脑、骨骼肌等组织胞液中生成的 $FADH_2$ 是通过此方式穿梭氧化。

2. 苹果酸 - 天门冬氨酸穿梭　细胞液中的 3- 磷酸甘油醛脱氢生成的 NADH 可将草酰乙酸还原生成苹果酸，苹果酸可通过线粒体膜上的载体进入线粒体后，在苹果酸脱氢酶作用下生成草酰乙酸和 $NADH+H^+$；$NADH+H^+$ 通过呼吸链传递，生成 3ATP；在线粒体内的草酰乙酸通过转氨基作用生成天门冬氨酸，天门冬氨酸在其载体作用下重新返回细胞液，再脱氨基生成草酰乙酸（图 5-6）。肝、肾、心等组织胞液中生成的 $NADH+H^+$ 是通过苹果酸 - 天门冬氨酸穿梭方式彻底氧化。

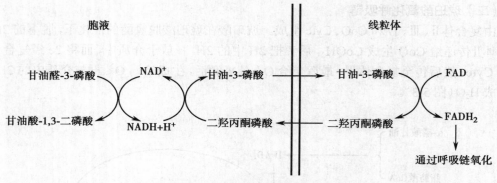

图 5-5 磷酸甘油穿梭示意图

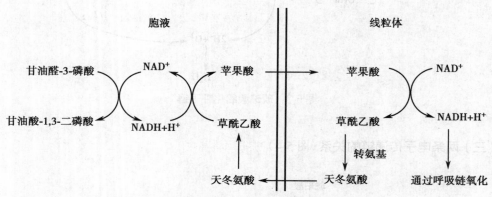

图 5-6 苹果酸-天门冬氨酸穿梭示意图

# 第三节 ATP 的生成

## 一、高能键和高能化合物

有些化学键水解时释放的能量大于 21kJ/mol，这种键称为高能键，常用"～"符号表示。含有高能键的化合物称高能化合物，体内最主要的高能键为高能磷酸键，此外还有高能硫酯键（表 5-1）。体内最重要的高能化合物是 ATP，ATP 几乎是机体一切生命活动所需能量的直接供给者。

表 5-1 几种常见的高能化合物

| 通式 | 举例 | 释放能量（pH 7.0, 25℃）kJ/mol（kcal/mol） |
|---|---|---|
| R—C—N~PO$_3$H$_2$ （NH，H） | 磷酸肌酸 | −43.9（−10.5） |

| 通式 | 举例 | 释放能量（pH 7.0, 25℃）kJ/mol（kcal/mol） |
|---|---|---|
| $\overset{CH}{\underset{RC-O\sim PO_3H_2}{\|}}$ | 磷酸烯醇式丙酮酸 | −61.9（−14.5） |
| $\overset{O}{\underset{RC-O\sim PO_3H_2}{\|\|}}$ | 乙酰磷酸 | −41.8（−10.1） |
| $-\overset{O}{\underset{OH}{\underset{\|}{\overset{\|\|}{P}}}}-O\sim\overset{\|\|}{\underset{\underset{OH}{\|}}{P}}-OH$ | ATP, GTP, UTP, CTP | −30.5（−7.3） |
| $RC\sim\overset{O}{\underset{}{\overset{\|\|}{}}}SCoA$ | 乙酰CoA | −31.4（−7.5） |

## 二、ATP 的生成

人体内 ATP 形成有两种方式——底物水平磷酸化和氧化磷酸化。

### （一）底物水平磷酸化

某些代谢物在氧化过程中，因脱氢、脱水等作用而使分子内部能量重新分布和集中，形成高能磷酸键。直接将底物分子中的高能磷酸键转移给 ADP（或 GDP），生成 ATP（或 GTP）的方式，称为底物水平磷酸化。

$$1.3-二磷酸甘油酸 + ADP \xrightarrow{3-磷酸甘油酸激酶} 3-磷酸甘油酸 + ATP$$

$$磷酸烯醇式丙酮酸 + ADP \xrightarrow{丙酮酸激酶} 烯醇式丙酮酸 + ATP$$

$$琥珀酰CoA + H_3PO_4 \xrightarrow{琥珀酸硫激酶} 琥珀酸 + HSCoA$$
$$GDP \quad\quad GTP$$

### （二）氧化磷酸化

1. 概念　氧化磷酸化是指在呼吸链电子传递过程中，释放能量使 ADP 磷酸化生成 ATP 的过程。氧化磷酸化是体内生成 ATP 的主要方式。

2. 氧化磷酸化的偶联部位　电子传递链中有三个部位释放的能量可用于 ADP 的磷酸化，通过 P/O 比值的测定，分别在 NADH 与 CoQ 之间（复合体 I）、CoQ 与 Cytc 之间（复合体 IV）及 Cytaa$_3$ 与 O$_2$ 之间（复合体 III，图 5-7）。

P/O 比值是指在氧化磷酸化过程中，每消耗 1mol 氧原子所消耗的无机磷酸的摩尔数。因 ADP+Pi → ATP，因此无机磷酸的消耗量相当于 ATP 的生成量。实验证实，代谢物脱氢反应产生的 NADH+H$^+$ 通过 NADH 氧化呼吸链传递，P/O 比值接近 3，说明 NADH 氧化呼吸链存在 3 个 ATP 生成部位；琥珀酸脱氢测得 P/O 比值接近 2，说明琥珀酸氧化呼吸链存在 2 个 ATP 生成部位。

3. 影响因素

（1）ATP/ADP 比值的调节：ATP/ADP 比值是调节氧化磷酸化速度的重要因素。ATP/ADP 比值下降，可致氧化磷酸化速度加快；反之，当 ATP/ADP 比值升高时，则氧化磷酸化速度减慢。

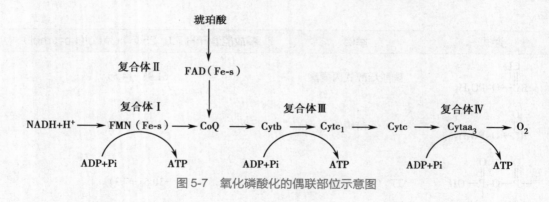

图 5-7 氧化磷酸化的偶联部位示意图

（2）激素的调节：甲状腺激素可诱导细胞膜上 $Na^+$、$K^+$-ATP 酶的生成，使 ATP 水解增加，导致 ATP/ADP 比值下降，氧化磷酸化速度加快。甲状腺功能亢进患者耗氧量和产热量均增加，基础代谢率增高。

（3）抑制剂的作用：一类是呼吸链抑制剂又叫电子传递抑制剂。已知鱼藤酮、粉蝶霉素 A、异戊巴比妥等，它们可与复合体 I 中的铁硫蛋白结合，阻断电子传递到 CoQ。抗霉素 A、二巯基丙醇抑制复合体 III 中 cytb 到 $cytc_1$ 间的电子传递。CO、$CN^-$、$H_2S$ 等，抑制细胞色素氧化酶，阻断电子由 $cytaa_3$ 到氧的传递。这些抑制剂均为毒性物质，可使细胞内呼吸停止，与此相关的细胞生命活动中止，引起机体迅速死亡；另一类是解偶联剂，它使氧化与磷酸化偶联过程脱离。最常见的解偶联剂有二硝基苯酚（DNP）。DNP 为脂溶性分子，能从内膜外侧结合 $H^+$ 后自由穿过线粒体内膜进入膜内侧，结果使 $H^+$ 浓度梯度不能生成，氧化反应照样进行，而 ATP 的生成受阻。此外，人和哺乳类动物棕色脂肪组织的线粒体内膜中存在有解偶联蛋白，可使氧化磷酸化解偶联（图 5-8）。

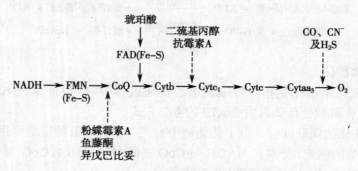

图 5-8 常见呼吸抑制剂的作用部位

## 三、能量转移、储存和利用

### （一）能量转移

ATP 作为细胞的主要供能物质参与体内的许多代谢反应，还有一些反应需要 UTP 或 CTP 作供能物质，如 UTP 参与糖原合成和糖醛酸代谢，GTP 参与糖异生和蛋白质合成，CTP 参与磷脂合成过程，核酸合成中需要 ATP、CTP、UTP 和 GTP 作原料合成 RNA，或以 dATP、dCTP、dGTP 和 dTTP 作原料合成 DNA。作为供能物质所需要的 UTP、CTP 和 GTP 可经下述反应再生：

$$UDP + ATP \longrightarrow UTP + ADP$$
$$GDP + ATP \longrightarrow GTP + ADP$$
$$CDP + ATP \longrightarrow CTP + ADP$$

dNTP 由 dNDP 的生成过程也需要 ATP 供能：

$$dNDP + ATP \longrightarrow dNTP + ADP$$

## （二）能量储存和利用

ATP 是细胞内主要的磷酸载体或能量传递体，人体储存能量的方式不是 ATP 而是磷酸肌酸。肌酸主要存在于肌肉组织中，骨骼肌中含量多于平滑肌，脑组织中含量也较多，肝、肾等，其他组织中含量很少。磷酸肌酸的生成反应如下：

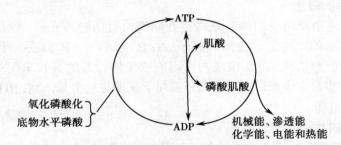

肌肉中磷酸肌酸的浓度为 ATP 浓度的 5 倍，可储存肌肉几分钟收缩所急需的化学能，可见肌酸的分布与组织耗能有密切关系（图 5-9）。

图 5-9　ATP 的生成、储存和利用

# 第四节　其他氧化体系

## 一、微粒体中的氧化酶

1. 加单氧酶　此类酶的特点是催化氧分子中的一个氧原子加到底物分子上，使底物羟化，另一个氧原子则与 H（来自 NADPH+H$^+$）结合生成水。因此也称羟化酶或混合功能氧化酶。

$$RH + NADPH + H^+ + O_2 \longrightarrow ROH + NADP + H_2O$$

加单氧酶的主要功能：①参与体内正常的物质代谢，如肾上腺皮质类固醇的羟化、类固醇激素的合成、维生素 D$_3$ 的羟化以及胆汁酸、胆色素的形成等反应都与其有关；②参与某些毒物（如苯胺）和药物（如吗啡等）解毒转化和代谢清除反应。

2. 加双氧酶　加双氧酶又称转化酶。催化两个氧原子直接加到底物分子特定的双键

59

上，使该底物分子分解成两部分。其催化的反应通式可表示为：

色氨酸 → 甲酰犬尿酸原

## 二、过氧化物酶体中的氧化酶

**1. 过氧化氢酶** 过氧化氢酶又称触酶，催化的反应如下：

$$H_2O_2 + H_2O_2 \longrightarrow 2H_2O + O_2$$

**2. 过氧化物酶** 过氧化物酶催化 $H_2O_2$ 直接氧化酚类或胺类等物质。

$$R + H_2O_2 \longrightarrow RO + H_2O$$

$$RH_2 + H_2O_2 \longrightarrow R + 2H_2O$$

临床上判断粪便中有无潜血时，就是利用白细胞中含有大量的过氧化物酶，能将联苯胺氧化成蓝色化合物。

## 三、自由基与超氧化物歧化酶

### （一）自由基的概念

大多数化学键由双电子组成。这些键在断裂时有两种方式：一种是异裂后使两电子全部分配给裂解后的产物之一而形成离子（A：B → $A^+$ + ：$B^-$）；另一种是均裂后将两电子平均分配给裂解后的两部分，生成在水溶液中呈均一态的具有未配对电子的产物（A：B → ·A+·B）。常将带有未配对电子的原子或化学基团称自由基。如：HO·、$O_2^-$ 等均为带有未配对电子的自由基。

### （二）自由基的危害

生物体在代谢过程中产生的自由基主要是超氧化阴离子（$O_2^-$）和羟基自由基（HO·）及其活性衍生物。在生理条件下，生物体内 96%～99% 的氧通过呼吸链中的细胞色素氧化酶催化还原成水，近 1%～4% 的氧产生超氧化阴离子、羟基自由基和过氧化氢。当线粒体结构受到影响时，氧自由基的产量增多。若产生量超过机体的清除能力便会造成对机体的损伤，主要使 DNA 氧化、修饰，甚至断裂；可氧化蛋白质的巯基改变蛋白质功能；自由基还可使细胞磷脂膜分子中高度不饱和脂肪酸氧化生成脂质，引起生物膜损伤。

### （三）机体对自由基的清除

需氧生物体内普遍存在一种超氧化物歧化酶（SOD），它能催化超氧化阴离子与质子发生反应生成氧和过氧化氢，过氧化氢进一步被相应的酶分解，从而保护机体免受氧自由基的损伤。

$$2O_2^- + 2H \xrightarrow{SOD} H_2O_2 + O_2$$

除了酶对自由基的清除外，许多抗氧化剂也参与了对自由基的清除。如维生素 E、谷胱甘肽、抗坏血酸、β- 胡萝卜素、不饱和脂肪酸等都以不同的方式直接参与了体内对自由基的清除过程。

（郑学锋 贾 梅）

**思考题**

1. 线粒体内两条呼吸链由哪些成分组成？它们在呼吸链中的作用是什么？线粒体内两条呼吸链的排列顺序分别是什么？
2. 试述体内能量的生成、储存和利用。
3. 试述影响氧化磷酸化的因素
4. ATP 的生成方式有哪几种？

# 第六章 脂类代谢

**学习目标**

1. 掌握脂肪的分解代谢、酮体的生成和利用、胆固醇的代谢。
2. 熟悉脂类的生理功能、磷脂的代谢、血脂的组成及含量。
3. 了解血浆脂蛋白的分类及功能。

　　脂类是广泛存在于自然界的一类有机化合物，是人体三大营养物质之一，包括脂肪和类脂。脂肪由 1 分子甘油与 3 分子脂肪酸脱水缩合而成，故名三脂酰甘油。类脂主要包括磷脂、糖脂、胆固醇和胆固醇酯等。脂肪和类脂均难溶于水，易溶于乙醚、三氯甲烷（氯仿）、丙酮等有机溶剂。

## 第一节 概　　述

### 一、脂类的分布

　　脂肪是体内含量最多的脂类，是体内储存能量的一种形式，主要分布于脂肪组织。人体内脂肪含量受营养状况和机体活动等因素的影响，不同个体间差异较大，同一个体的不同时期也有明显的差异，因此脂肪又称可变脂。类脂约占体重的 5%，是生物膜的基本组成成分，广泛分布于全身各组织细胞的膜性结构中，其中神经组织含量最多。类脂含量恒定，不受营养状况和机体活动的影响，又称固定脂或基本脂。

### 二、脂类的生理功能

#### （一）三酰甘油的生理功能

　　1. 储能和供能　　脂肪是体内储存能量和供给能量的重要物质。机体每天所需能量的 20%～30% 是由脂肪提供的，1g 脂肪完全氧化可释放 37.7kJ 能量。脂肪是人体主要的储能物质，正常进食人体所需能量 25% 来自脂肪，空腹时所需能量的 50% 以上来自脂肪，禁食 1～3 天机体所需能量的 85% 来自脂肪分解。因此，饥饿或禁食时体内能量主要来源于脂肪。

　　2. 提供必需脂肪酸　　必需脂肪酸是维持生长发育和皮肤正常代谢所必需的多不饱和脂肪酸。如食物中缺乏，可出现生长缓慢，皮肤粗糙、变薄，毛发稀疏等症状。

　　3. 保温、保护作用　　三酰甘油不易导热，皮下脂肪可防止热量散失，具有保温作用。分布在内脏周围的脂肪可以减少脏器间的摩擦和缓冲撞击,起到固定、保护内脏的作用。

**（二）类脂的生理功能**

1．维持生物膜的正常结构与功能　类脂,特别是磷脂和胆固醇是构成所有生物膜,如细胞膜、线粒体膜的主要结构成分。

2．转变为多种具有重要生物活性物质　胆固醇在体内可转变为胆汁酸、维生素 $D_3$ 和类固醇激素。

## 第二节　三酰甘油的代谢

### 一、三酰甘油的分解代谢

#### （一）脂肪动员

脂肪组织中储存的三酰甘油在脂肪酶的催化下逐步水解为游离脂肪酸和甘油,释放入血,供其他组织氧化利用的过程称为脂肪动员（图6-1）。

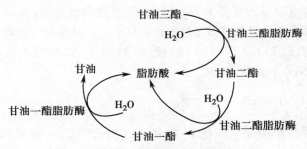

图 6-1　脂肪动员反应示意图

脂肪动员中三酰甘油脂肪酶的活性最低,是反应的限速酶。该酶存在于脂肪细胞内,其活性受多种激素调控,故又称激素敏感性脂肪酶。

肾上腺素、去甲肾上腺素、胰高血糖素等增加三酰甘油脂肪酶活性,使脂肪动员加速,故被称为脂解激素;胰岛素能减低该酶活性,抑制脂肪水解,故称抗脂解激素。

**（二）甘油的代谢**

三酰甘油水解生成的甘油由血液运送至肝、肾、小肠等组织,在甘油激酶的催化下消耗 ATP 生成 3- 磷酸甘油（α- 磷酸甘油）,然后脱氢生成磷酸二羟丙酮,沿糖代谢途径进行氧化分解或经糖异生途径转变为糖。

**（三）脂肪酸的氧化分解**

1．脂肪酸的活化　脂肪酸的活化是指脂肪酸转变为脂酰 CoA 的过程。其活化在线粒体外进行,脂肪酸的活化是脂肪酸分解代谢的第一步,是一个耗能过程。

2．脂酰 CoA 进入线粒体　脂肪酸的活化在细胞液中进行,而氧化脂肪酸的酶系则存在于线粒体的基质内,但活化的脂酰 CoA 不能自由通过线粒体内膜,需依靠线粒体内膜上的肉碱即 L-β- 羟 -γ- 三甲氨基丁酸的携带才能进入线粒体,再与线粒体基质中的 HSCoA 结合成脂酰 CoA。

3．脂肪酸的 β- 氧化　脂酰 CoA 进入线粒体基质后,在酶的催化下,从脂酰基的 β 碳原子开始，进行脱氢、加水、再脱氢和硫解四步重复的连续反应，每进行一次β-氧化，生成1分子乙酰CoA和1分子脂酰CoA。由于氧化过程发生在脂酰基上的β碳原子，故称β-氧化（图6-2）。

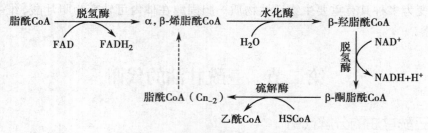

图6-2 脂肪酸β-氧化反应过程

4. 乙酰CoA的彻底氧化 脂肪酸经β-氧化生成的乙酰CoA在线粒体中通过三羧酸循环彻底氧化生成 $CO_2$ 和 $H_2O$ 并释放能量。

脂肪酸氧化是体内能量的重要来源。以16碳的软脂酸为例，经活化生成软脂酰CoA，需经7次β-氧化，生成7分子 $FADH_2$、7分子 $NADH+H^+$ 及8分子乙酰CoA。因此，1分子软脂酸彻底氧化共生成 $(7×2)+(7×3)+(8×12)=131$ 分子ATP，减去软脂酸活化时消耗的2分子ATP，净生成129分子ATP。

## 二、酮体的生成和利用

心肌和骨骼肌等组织中脂肪酸经β-氧化生成的乙酰CoA能够彻底氧化生成 $CO_2$ 和 $H_2O$，但在肝细胞中，因具有活性较强的合成酮体的酶系，β-氧化生成的乙酰CoA则大部分转变为酮体。包括乙酰乙酸、β-羟基丁酸和丙酮，其中β-羟基丁酸最多，约占酮体总量的70%，乙酰乙酸占30%，丙酮微量。

1. 酮体的生成 酮体在肝细胞线粒体内合成，合成原料为乙酰CoA，主要来自脂肪酸的β-氧化。合成过程如下：

（1）2分子乙酰CoA在乙酰CoA硫解酶催化下缩合生成乙酰乙酰CoA，并释放1分子HSCoA。

（2）乙酰乙酰CoA再与1分子乙酰CoA缩合生成β-羟-β-甲基戊二酸单酰CoA，并释放1分子HSCoA，反应由HMGCoA合成酶催化完成，此酶为酮体生成的限速酶。

（3）HMGCoA在HMGCoA裂解酶的催化下，裂解生成乙酰乙酸和乙酰CoA，后者又可参与酮体的合成。乙酰乙酸在β-羟基丁酸脱氢酶催化下还原为β-羟丁酸，反应所需的氢由 $NADH+H^+$ 提供。部分乙酰乙酸可自发地或在脱羧酶催化下脱羧生成丙酮（图6-3）。肝脏缺乏利用酮体的酶，故肝内生成的酮体必须经血液循环运往肝外组织利用。

2. 酮体的利用 肝外许多组织具有活性很强的利用酮体的酶，如心肌、骨骼肌、脑和肾等，可以利用酮体氧化供能。

3. 酮体代谢的生理意义 酮体是肝内脂肪酸氧化的中间产物，是肝输出脂类能源的一种形式。酮体分子小，易溶于水，能够通过血脑屏障及肌肉的毛细血管壁，是饥饿时心肌、脑和骨骼肌等组织的重要能源。

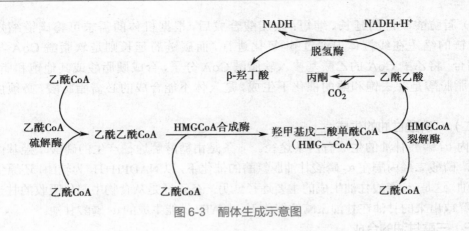

图 6-3  酮体生成示意图

正常人血液中酮体含量为 0.03～0.50mmol/L，饥饿或严重糖尿病时由于脂肪动员加强，酮体的生成增加，超过肝外组织的利用能力，从而引起血液中酮体含量明显升高，称为酮血症。过多的酮体从尿液中排出称为酮尿症。乙酰乙酸和 β-羟基丁酸属取代羧酸，在体内大量蓄积会导致酸中毒。

### 三、三酰甘油的合成代谢

合成三酰甘油的原料是脂肪酸和 α-磷酸甘油。

#### （一）脂肪酸的合成

1．合成部位　脂肪酸的合成在细胞液中进行，但肝的合成能力是脂肪组织 8～9 倍，是合成脂肪酸的主要场所。

2．合成原料　脂肪酸合成的原料主要是乙酰 CoA，乙酰 CoA 主要来自葡萄糖的有氧氧化，少量可由某些氨基酸的分解代谢提供。此外，脂肪酸的合成还需 ATP、$NADPH+H^+$、$HCO_3^-$（$CO_2$）、$Mg^{2+}$、$Mn^{2+}$ 等。$NADPH+H^+$ 主要来自磷酸戊糖途径。

3．脂肪酸的合成过程　由乙酰 CoA 合成脂肪酸的过程并不是单纯 β-氧化的逆过程，而是由不同的酶催化，按不同的途径进行的，其终产物是软脂酸。

（1）丙二酰 CoA 的合成：脂肪酸合成时，除 1 分子乙酰 CoA 直接参与合成反应外，其余乙酰 CoA 在乙酰 CoA 羧化酶催化下生成丙二酰 CoA 方可参与脂肪酸的生物合成。羧化反应由碳酸氢盐提供 $CO_2$，ATP 提供能量。

$$CH_3CO\sim SCoA + CO_2 \xrightarrow[\substack{\text{生物素} \\ Mg^{2+}、Mn^{2+}}]{\text{脂肪酸合成酶系}} HOOCCH_2CO\sim SCoA$$
$$\text{乙酰CoA} \qquad\qquad ATP \quad ADP+Pi \qquad \text{丙二酰CoA}$$

乙酰 CoA 羧化酶是脂肪酸合成的限速酶，其辅基为生物素，$Mn^{2+}$ 为激活剂。

（2）软脂酸的合成：1 分子乙酰 CoA 和 7 分子丙二酸单酰 CoA 在脂肪酸合成酶的催化下，由 $NADPH+H^+$ 提供氢合成软脂酸。反应式为：

$$CH_3CO\sim SCoA + 7HOOCCH_2CO\sim SCoA + 14NADPH + H^+ \xrightarrow{\text{脂肪酸合成酶}}$$
$$CH_3(CH_2)_{14}COOH + 6H_2O + 7CO_2 + 8HSCoA + 14NADP^+$$

65

（3）脂肪酸碳链的延长、缩短：软脂酸合成后，根据机体的需求可将碳链缩短或延长。碳链的缩短在线粒体内通过 β- 氧化进行，而碳链的延长则是软脂酰 CoA 与乙酰 CoA 缩合，将乙酰 CoA 的乙酰基掺入软脂酰 CoA 分子，合成硬脂酸或其他饱和脂肪酸。不饱和脂肪酸是在去饱和酶的催化下生成，是人体不能合成的必需脂肪酸，必须由食物供给。

### （二）α- 磷酸甘油的生成

体内 α- 磷酸甘油的生成有两条途径。一条是由糖酵解途径产生的磷酸二羟基丙酮还原生成。磷酸二羟丙酮在 α- 磷酸甘油脱氢酶的催化下，以 $NADPH+H^+$ 为辅酶，还原生成 α- 磷酸甘油，这是 α- 磷酸甘油生成的主要途径。另一条途径是从食物中消化吸收的甘油和脂肪动员释放出来的甘油在甘油激酶的催化下，由 ATP 供能生成的 α- 磷酸甘油。

### （三）三酰甘油的合成

1. 合成部位　三酰甘油的合成主要在肝、脂肪组织及小肠细胞等组织的内质网中进行，其中肝的合成能力最强。

2. 合成原料　合成三酰甘油的原料为 α- 磷酸甘油和脂肪酰 CoA。

3. 合成的基本过程　1 分子 α- 磷酸甘油与 2 分子脂肪酰 CoA 在 α- 磷酸甘油脂酰基转移酶的催化下首先合成磷脂酸，磷脂酸经磷酸酶水解生成二酰甘油，然后二酰甘油又与 1 分子脂酰 CoA 缩合生成三酰甘油。反应由甘油脂酰基转移酶催化。α- 磷酸甘油脂酰基转移酶是限速酶。三酰甘油的三个脂酰基可来自同一种脂肪酸，也可来自不同的脂肪酸，$C_2$ 位上多为不饱和脂酰基。

# 第三节　类脂的代谢

类脂包括磷脂、糖脂、胆固醇及固醇酯。

## 一、磷脂的代谢

磷脂是含有磷酸的脂类，根据化学结构的不同可分为甘油磷脂和鞘磷脂。其中甘油磷脂含量最多，在细胞膜和脂蛋白等结构中起着重要作用。

### （一）甘油磷脂的合成代谢

全身各组织细胞均可利用甘油、脂肪酸、磷酸盐、胆碱、乙醇胺、丝氨酸、肌醇合成甘油磷脂，但肝、肾及小肠等组织是合成甘油磷脂的主要场所，合成过程中还需要 ATP 和 CTP 参与。

甘油磷脂的合成过程比较复杂，主要包括胆碱与乙醇胺的活化和磷脂酰胆碱与磷脂酰乙醇胺的生成两个阶段。

1. 胆碱与乙醇胺的活化　胆碱和乙醇胺在参与合成代谢之前，首先要进行活化生成胞苷二磷酸胆碱（CDP- 胆碱）和胞苷二磷酸乙醇胺（CDP- 乙醇胺）。

2. 磷脂酰胆碱与磷脂酰乙醇胺的生成　磷脂酰胆碱与磷脂酰乙醇胺可由甘油二酯分别与 CDP- 胆碱和 CDP- 乙醇胺作用生成。反应分别由存在于内质网膜上的磷酸胆碱脂酰甘油转移酶与磷酸乙醇胺脂酰甘油转移酶催化。

### （二）甘油磷脂的分解代谢

甘油磷脂在磷脂酶的催化下，分别水解生成甘油、脂肪酸、磷酸、胆碱和乙醇胺等产物，这些产物可再利用或继续氧化分解。

根据磷脂酶作用的特异性和水解酯键的位置不同,将磷脂酶分为五种,即磷脂酶 $A_1$、$A_2$、B、C、D。磷脂酶 $A_1$、$A_2$ 分别水解甘油磷脂的 1 位和 2 位酯键;磷脂酶 B 作用于溶血磷脂的 1 位酯键;磷脂酶 C 作用于 3 位的磷酸酯键;磷脂酶 D 作用于磷酸取代基间的酯键(图 6-4)。

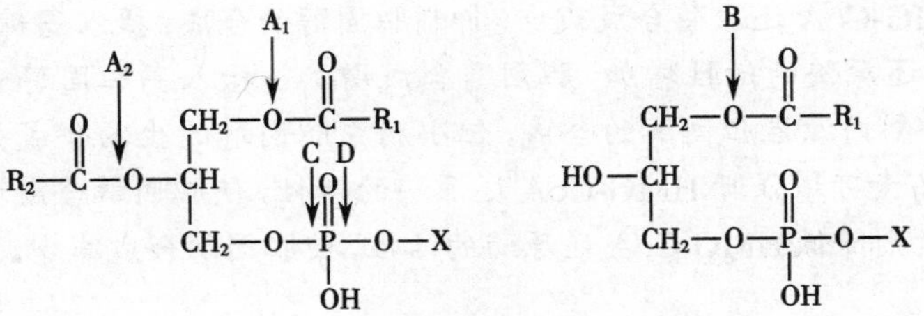

图 6-4 甘油磷脂的水解

磷脂酶 $A_2$ 催化甘油磷脂中 2 位酯键水解,生成多不饱和脂肪酸和溶血磷脂,溶血磷脂是一种较强的表面活性物质,能使红细胞膜或其他细胞膜破坏引起溶血或细胞坏死。

## 二、胆固醇的代谢

正常成年人体内胆固醇总含量约为 140g,广泛分布于体内各组织,但分布极不均匀。脑、神经组织及内脏中胆固醇的含量比较高,肌肉组织中含量较低。

### (一)胆固醇的合成代谢

1. 合成部位 成人除脑组织和成熟红细胞外,几乎全身各组织均可合成胆固醇,肝合成胆固醇的能力最强(70%~80%),其次是小肠(10%)。

2. 合成原料 乙酰 CoA 是合成胆固醇的原料,合成还需要 ATP 供能和 NADPH+$H^+$ 供氢。

3. 合成的基本过程 胆固醇合成过程复杂,有近 30 步酶促反应,大致可概括为甲基二羟戊酸的生成、鲨烯的生成、胆固醇的生成三个阶段(图 6-5)。

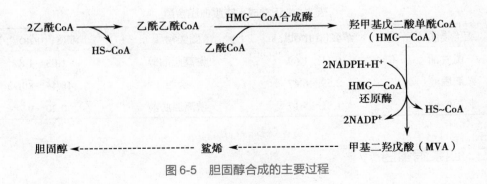

图 6-5 胆固醇合成的主要过程

4. 合成的调节 胆固醇合成过程的限速酶是 HMG-CoA 还原酶,各种因素对胆固醇合成的调节,主要是通过影响 HMG-CoA 还原酶的活性来实现的。

知识窗

**高糖饮食也可使血浆胆固醇升高——胆固醇合成的影响因素**

乙酰 CoA 和 ATP 主要来自糖的有氧氧化,而 $NADPH+H^+$ 则主要来自糖的磷酸戊糖途径。因此,糖是胆固醇合成原料的主要来源。故高糖饮食的人可出现血浆中胆固醇含量增高。

饥饿时 HMG-CoA 还原酶合成减少,抑制胆固醇的合成;摄入高糖、高饱和脂肪酸后,HMG-CoA 还原酶的活性增加,胆固醇合成增加。摄入高胆固醇食物时体内胆固醇含量升高,抑制内源性胆固醇的合成,但小肠中胆固醇的生物合成并不受这种反馈机制调节。胰岛素可增强肝 HMG-CoA 还原酶的活性,使胆固醇合成增加。胰高血糖素和糖皮质激素则降低 HMG-CoA 还原酶的活性,使胆固醇合成减少。

### （二）胆固醇在体内的转变与排泄

胆固醇与糖、脂肪和蛋白质不同,它在体内既不能彻底氧化生成 $CO_2$ 和 $H_2O$,也不能作为能源物质提供能量,可是胆固醇在体内能转变成胆汁酸、维生素 $D_3$、类固醇激素等重要的生理活性物质。体内大部分胆固醇转变为胆汁酸,随胆汁进入肠道,进入肠道的胆汁酸大部分被重吸收,小部分随粪便排出体。

# 第四节 血 脂

## 一、血脂

血浆中的脂类称为血脂,主要包括三酰甘油（TG）、磷脂（PL）、胆固醇（Ch）、胆固醇酯（CE）及游离脂肪酸（FFA）等。

正常人空腹血脂的含量受年龄、性别、膳食、运动及代谢等多种因素的影响,变化较大,但这种变化通常在 12 小时内恢复正常（表 6-1）。因此,临床上血脂测定在空腹 12~14 小时后采血。

表 6-1 正常成人空腹血脂含量

| 脂类物质 | 浓度（mmol/L） | 脂类物质 | 浓度（mmol/L） |
| --- | --- | --- | --- |
| 三酰甘油 | 0.11~1.69 | 游离胆固醇 | 1.03~1.81 |
| 总胆固醇 | 2.59~6.47 | 磷脂 | 48.44~80.73 |
| 胆固醇酯 | 1.81~5.17 | 游离脂肪酸 | 0.20~0.78 |

## 二、血浆脂蛋白

脂类不溶于水,在水中形成乳浊液,正常人血浆中含有较多的脂类却仍然清澈透明,是因为脂类在血浆中不是以游离形式存在,而是结合蛋白质和磷脂形成脂蛋白（LP）。脂类在血浆中的运输是通过血浆脂蛋白。

## （一）血浆脂蛋白的分类

血浆脂蛋白由脂类和蛋白质（载脂蛋白）两部分组成，不同的血浆脂蛋白所含的脂类和蛋白质不同。分离血浆脂蛋白的常用方法是电泳法和超速离心法，这两种分离法均可将血浆脂蛋白分为四类。

1. 电泳法　电泳法是以不同的血浆脂蛋白颗粒大小及表面电荷量不同作为分离基础，在电场中不同的血浆脂蛋白具有不同的电泳迁移率，按移动的快慢可将血浆脂蛋白分为四类：α-脂蛋白、前β-脂蛋白、β-脂蛋白、乳糜微粒（CM）。α-脂蛋白泳动速度最快（图6-6）。

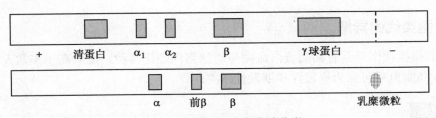

图6-6　血浆脂蛋白电泳法分类

2. 超速离心法　根据沉浮情况血浆脂蛋白可分为乳糜微粒、极低密度脂蛋白（VLDL）、低密度脂蛋白（LDL）和高密度脂蛋白（HDL），分别相当于电泳分离的乳糜微粒、前β-脂蛋白、β-脂蛋白和α-脂蛋白。

## （二）载脂蛋白

血浆脂蛋白中的蛋白质部分称为载脂蛋白（apo），由肝细胞和小肠黏膜细胞合成，目前为止已从血浆中分离出20种载脂蛋白，分为apoA、B、C、D、E五类。载脂蛋白在脂蛋白代谢中有重要作用：①参与脂蛋白组成，稳定脂蛋白的结构；②作为脂蛋白代谢关键酶辅因子，调节酶的活性；③作为脂蛋白受体识别的配体，介导脂蛋白与相应受体特异识别和作用；④某些载脂蛋白属于脂质转运蛋白，在脂蛋白间转运胆固醇或磷酸。

## （三）血浆脂蛋白的功能

1. 乳糜微粒（CM）　CM在小肠黏膜细胞合成，是运输外源性三酰甘油的主要形式。CM含大量的三酰甘油（80%~95%），在代谢过程中，CM所含的三酰甘油不断被脂蛋白酶（LPL）催化水解为甘油和脂肪酸供机体利用。

2. 极低密度脂蛋白（VLDL）　VLDL主要由肝细胞合成，含三酰甘油50%~70%，是转运内源性三酰甘油的主要形式。血液中的VLDL在脂蛋白酶的催化下其中的三酰甘油逐步水解，形成中间密度脂蛋白（IDL），最后转变成富含胆固醇的LDL。

3. 低密度脂蛋白（LDL）　LDL是转运肝合成内源性胆固醇至肝外的主要形式，LDL与肝外组织细胞表面的LDL受体结合进入细胞内被细胞利用。LDL是正常人空腹血浆中的主要脂蛋白，约占血浆脂蛋白的总量的2/3。血浆LDL增高，易诱发动脉粥样硬化。

4. 高密度脂蛋白（HDL）　HDL主要由肝细胞合成，小肠黏膜上皮细胞亦可合成少量。正常人空腹血浆HDL含量约占脂蛋白总量的1/3，主要生理功能是将肝外组织的胆固醇转运到肝内进行代谢，这种逆向转运胆固醇的机制可将肝外组织的胆固醇转运到肝代谢并排出体外，防止胆固醇积聚在动脉管壁和其他组织中，故血浆中HDL浓度与动脉粥样硬化的发生率呈负相关（表6-2）。

表6-2 血浆脂蛋白的组成及功能

| 脂蛋白类别（密度分类法） | 化学组成（%） | | | | 生理功能 |
|---|---|---|---|---|---|
| | 蛋白质 | 三酰甘油 | 胆固醇酯 | 磷脂 | |
| CM | 1～2 | 80～95 | 2～7 | 6～9 | 转运外源性脂肪 |
| VLDL | 5～10 | 50～70 | 10～15 | 10～15 | 转运内源性脂肪 |
| LDL | 20～25 | 10 | 45～50 | 20 | 将内源性胆固醇从肝到全身各组织 |
| HDL | 40～50 | 5 | 20～22 | 30 | 转运胆固醇从组织到肝 |

## 三、脂类代谢异常

常见的脂类代谢异常有高脂蛋白血症与动脉粥样硬化两种。血脂高于正常人上限称为高脂血症，高脂血症可分为原发性和继发性两类。

 知识窗

### 高血脂症的标准及分类

血脂主要是指血清中的胆固醇和三酰甘油。无论是胆固醇含量增高，还是三酰甘油的含量增高，或是两者皆增高，统称为高脂血症。

一般成年人空腹血清中总胆固醇超过5.72mmol/L，三酰甘油超过1.70mmol/L，可诊断为高脂血症。

根据血清总胆固醇、三酰甘油和高密度脂蛋白—胆固醇的测定结果，高脂血症分为高胆固醇血症、高三酰甘油血症、混合型高脂血症、低高密度脂蛋白血症。高胆固醇血症：血清总胆固醇含量增高，超过5.72mmol/L，而三酰甘油含量正常，<1.70mmol/L。高三酰甘油血症：约占20%，血清三酰甘油含量增高，超过1.70mmol/L，而总胆固醇含量正常，<5.72mmol/L。混合型高脂血症：血清总胆固醇和三酰甘油含量均增高，即总胆固醇超过5.72mmol/L，三酰甘油超过1.70mmol/L。低高密度脂蛋白血症：血清高密度脂蛋白—胆固醇（HDL-胆固醇）含量降低，<0.9mmol/L。

根据病因，高脂血症可分为原发性高脂血症和继发性高脂血症。原发性高脂血症：包括家族性高三酰甘油血症、家族性Ⅲ型高脂蛋白血症、家族性高胆固醇血症；家族性脂蛋白酶缺乏症；多脂蛋白型高脂血症；原因未明的原发性高脂蛋白血症；多基因高胆固醇血症；散发性高三酰甘油血症；家族性高α脂蛋白血症。继发性高脂血症：包括糖尿病高脂血症；甲状腺功能减低；急、慢性肾衰竭；肾病综合征；药物性高脂血症。

高脂血症是动脉粥样硬化的危险因素，资料统计显示，血浆胆固醇含量超过6.7mmol/L者比低于5.7mmol/L者的冠状动脉硬化发病率高7倍。血浆中的胆固醇主要存在于LDL中，LDL增高是导致动脉粥样硬化的重要原因。HDL可以清除周围组织的胆固醇，保护血管壁内膜不受LDL的损害，所以具有抗动脉粥样硬化的作用。

（贾　梅）

**思考题**

1. 脂肪动员所产生的甘油和脂肪酸是如何彻底氧化成 $CO_2$ 和 $H_2O$？
2. 酮体包括哪些成分？在何处生成和利用？
3. 简述胆固醇在体内的来源和去路。
4. 常用血浆脂蛋白的分类法有哪些？各类脂蛋白有何生理功能？

# 第七章　氨基酸的分解代谢

学习目标

1. 掌握蛋白质的生理功能、氮平衡及意义、氨基酸的一般代谢。
2. 熟悉氨基酸的脱羧基作用和一碳单位的代谢。
3. 了解蛋白质的营养价值。

蛋白质是生命的物质基础,机体中的每一个细胞和所有重要组成部分都有蛋白质参与。氨基酸是构成蛋白质的基本单位,本章主要介绍氨基酸的代谢并简要叙述蛋白质的营养作用。

## 第一节　蛋白质的营养作用

### 一、蛋白质的生理功能

蛋白质是人体必需的营养物质,不同的蛋白质具有不同的生理功能。一些蛋白质可以维持组织的生长、更新和修补修复,这是蛋白质的特有功能,不能由糖或脂类代替。一些蛋白质具有特殊的生理功能,如血红蛋白能运输氧,血浆中的凝血因子能参与血液凝固,肌肉中的肌动、肌球蛋白与肌肉收缩有关,促进食物消化的酶也是蛋白质。蛋白质也能给机体供给能量,每克蛋白质在体内氧化分解产生 17.19kJ 的能量,一般情况下蛋白质供给的能量占人体所需能量的 10%～15%,蛋白质的这种生理功能可由糖及脂类代替。

### 二、蛋白质的需要量与营养价值

#### （一）氮平衡

氮平衡是指人体每天摄入和排出氮的比例。食物中的含氮物质主要是蛋白质,且蛋白质中氮的含量较稳定(16%),故通过测定食物中氮的含量可以推算出蛋白质含量。蛋白质在体内代谢后产生的含氮物质主要经尿、粪、汗排出,通过测定人体每天从食物摄入的氮含量和每天排泄物(包括尿、粪、汗等)中的氮含量,可评价蛋白质在体内的代谢情况。

氮的总平衡:摄入氮量等于排出氮量,即正常成年人蛋白质合成和分解相等,处于平衡状态。

氮的正平衡:摄入氮量大于排出氮量,表示体内蛋白质的合成量大于分解,常见于儿童、孕妇、哺乳期妇女及恢复期患者等。

氮的负平衡：摄入氮量小于排出氮量，表示体内蛋白质摄入量不能满足需要，如长期饥饿、营养不良及消耗性疾病等。

### （二）蛋白质的需要量和营养价值

1. **蛋白质的需要量**　经测定，正常成年人每日在无蛋白质摄入时，体内仍需至少 20 克蛋白质分解。而食物中的蛋白质与人体所需蛋白质存在差异且不能全部被人体吸收利用，故正常成年人每天蛋白质需要量最低为 30～50g，这是人体蛋白质最低生理需要量。

我国营养学会推荐的蛋白质营养标准成年人每天为 80g，婴幼儿与儿童因生长发育需要，重体力劳动者和康复期患者还要增加。

2. **蛋白质的营养价值**　人体不仅每天需要一定数量蛋白质，还应注意摄入蛋白质的质量。氨基酸是构成蛋白质的基本单位，营养学上将氨基酸分为必需氨基酸和非必需氨基酸两种。必需氨基酸是指人体需要但不能合成或合成速度不能满足需要，必须由食物蛋白质提供的氨基酸，包括赖氨酸、色氨酸、苯丙氨酸、甲硫（蛋）氨酸、苏氨酸、亮氨酸、异亮氨酸、缬氨酸八种。组氨酸和精氨酸在婴幼儿和儿童时期因其体内合成量常不能满足生长发育的需要，也必须由食物提供，可称为半必需氨基酸。其余人体可以合成，不必由食物供给的氨基酸，称为非必需氨基酸。

从食物蛋白质的氨基酸组成来讲，若所含必需氨基酸的种类和数量与人体蛋白质接近，则易被机体利用，生理价值亦高。一般来说动物性蛋白质的营养价值高于植物性蛋白质。若将几种生理价值较低的蛋白质混合食用，所含必需氨基酸成分可相互补充，从而提高蛋白质的生理价值，这就是蛋白质的互补作用。例如谷类蛋白质赖氨酸少色氨酸多，豆类蛋白质则相反，两者混合食用后营养价值提高。因此，膳食的多样化是增进蛋白质营养效果的有效措施。

临床上在治疗因各种原因如烧伤、摄食困难、严重腹泻或外科手术等引起的低蛋白质血症时，常可经静脉补充氨基酸制剂。临床上为保证患者对氨基酸的需要，需要使用混合氨基酸溶液。

## 第二节　氨基酸的一般代谢

### 一、氨基酸的代谢概况

人体内不同来源的氨基酸分布于细胞内液、血液和其他体液中，总称为氨基酸代谢库，又称氨基酸代谢池。包括由食物蛋白质经消化吸收而来的外源性氨基酸和组织蛋白质降解生成的内源性氨基酸两种。代谢库中氨基酸的来源包括食物的消化吸收、组织蛋白质分解和体内合成的非必需氨基酸；去路包括合成组织蛋白质、脱氨基生成氨和 α-酮酸、脱氨基生成胺和二氧化碳，合成嘌呤、嘧啶等含氮化合物等。正常情况下，代谢库中氨基酸的来源和去路平衡。

### 二、氨基酸的脱氨基作用

氨基酸的分解代谢主要是脱氨基作用，通过脱氨基作用将氨基酸分解为氨和相应的 α-酮酸。脱氨基的方式有转氨基作用、氧化脱氨基作用和联合脱氨基作用。

### （一）转氨基作用

转氨基作用是在转氨酶的催化下，α- 氨基酸的氨基转移到 α- 酮酸的酮基上，生成新的氨基酸，原来的氨基酸则转变为 α- 酮酸。

$$\underset{R_1}{\overset{COOH}{CH-NH_2}} + \underset{R_2}{\overset{COOH}{C=O}} \xrightleftharpoons[\text{维生素 } B_6]{\text{转氨酶}} \underset{R_1}{\overset{COOH}{C=O}} + \underset{R_2}{\overset{COOH}{CH-NH_2}}$$

转氨酶分布广泛，种类多，其辅酶为磷酸吡哆醛（含维生素 $B_6$），起着传递氨基的作用。除赖、苏、脯、羟脯氨酸外，体内大多数氨基酸都可以经转氨基作用生成。因此，转氨基作用是体内合成非必需氨基酸的重要途径。

天冬氨酸转氨酶（AST）和丙氨酸转氨酶（ALT）是细胞内酶，广泛存在于人体各组织，但在各组织中含量不同，血清中含量最低，若因疾病造成细胞膜通透性增加或组织细胞破损，则它们在血清中的浓度大大增高。例如，传染性肝炎患者可表现为血清 ALT 水平升高，心肌梗死患者血清 AST 水平升高，因此，临床上可以此作为疾病诊断和疗效观察的辅助指标。

$$\text{谷氨酸 + 丙酮酸} \xrightleftharpoons{\text{ALT}} \text{α-酮戊二酸 + 丙氨酸}$$

$$\text{谷氨酸 + 草酰乙酸} \xrightleftharpoons{\text{AST}} \text{α-酮戊二酸 + 天冬氨酸}$$

### （二）氧化脱氨基作用

在酶催化下氨基酸被氧化的同时脱去氨基作用。

体内以 L- 谷氨酸氧化脱氢酶最为重要，该酶催化 L- 谷氨酸氧化脱氨生成 α- 酮戊二酸，辅酶是 $NAD^+$ 或 $NADP^+$，反应可逆。L- 谷氨酸脱氢酶特异性强，分布广泛，肝脏中含量最为丰富，肾、脑、心、肺等次之，骨骼肌中最少。

### （三）联合脱氨基作用

转氨基作用虽然是体内普遍存在的一种脱氨基方式，但它仅仅是氨基的转移，而氧化脱氨基作用仅限于 L- 谷氨酸。事实上，体内绝大多数氨基酸的脱氨基作用是上述两种方式的联合。即氨基酸的脱氨基既经转氨基作用，又通过 L- 谷氨酸氧化脱氨基作用，是转氨基作用和谷氨酸氧化脱氨基作用的偶联，称为联合脱氨基作用。联合脱氨基是体内主要的脱氨基方式，反应可逆且有游离氨生成，也是体内合成非必需氨基酸的重要途径。其过程为：

$$\text{氨基酸+α-酮戊二酸} \xrightleftharpoons{\text{转氨酶}} \text{α-酮酸+谷氨酸} \quad \text{谷氨酸+NAD}^+\text{+H}_2\text{O} \xrightleftharpoons{\text{谷氨酸脱氢酶}} \text{NH}_3\text{+NADH+H}^+\text{+α-酮戊二酸}$$

## 三、α- 酮酸的代谢

氨基酸脱氨基后生成的 α- 酮酸在体内有三条代谢途径，即合成非必需氨基酸、转变成糖或脂肪、氧化供能。

### （一）合成非必需氨基酸

氨基酸的转氨基作用和联合脱氨基作用都是可逆的，故 α- 酮酸可沿此途径合成非必需氨基酸。

### （二）转变成糖或脂肪

营养学研究证明氨基酸在体内可以转变成糖类或脂肪。根据 α- 酮酸代谢后生成的产物不同可分为生糖氨基酸（丙氨酸、谷氨酸、天冬氨酸等）、生酮氨基酸（亮氨酸、赖氨酸）、生糖兼生酮氨基酸（异亮氨酸、苯丙氨酸、酪氨酸等）。这里的酮只是脂肪酸代谢产生的酮体，据此可以看出糖、脂肪、蛋白质三类物质之间可以互相转变。

### （三）氧化供能

α- 酮酸可转变成三羧酸循环的中间产物氧化成二氧化碳和水，放出热量。

## 四、氨的代谢

氨是有毒物质，脑组织对氨的毒性尤为敏感。由于机体代谢产生的氨绝大部分可以合成尿素并排出体外，故正常人血氨浓度很低（小于 0.1mg/100ml），氨在体内的来源和去路保持动态平衡。

### （一）氨的来源

1. 体内各组织中氨基酸的脱氨基作用　体内氨的主要来源是由氨基酸脱氨基产生。此外，氨基酸脱羧基后产生的胺在体内也可分解产生氨。

2. 肾小管上皮细胞分泌的氨　肾小管上皮细胞中的谷氨酰胺在谷氨酰胺酶的作用下水解成谷氨酸和氨，这些氨通过肾小管上皮细胞的泌氨作用排入尿液后与尿液中 $H^+$ 结合，以铵盐形式随尿排出。肾小管的泌尿作用受尿液 pH 值的影响，酸性尿液有利于氨的排泄，碱性尿液不利于氨的排泄，临床上肝硬化腹腔积液患者不宜使用碱性利尿剂。代谢性酸中毒时，肾脏增加其对谷氨酰胺的分解，加速氨的排出，缓解酸中毒。

3. 肠道吸收的氨　①肠道中蛋白质腐败产生的氨；②渗透到肠道的尿素在大肠杆菌的脲酶（尿素酶）的作用下生成氨。

### （二）氨的运输

1. 葡萄糖—丙氨酸循环　肌肉组织中氨转运到肝脏的主要方式。肌肉中的氨基酸通过转氨基作用将氨基转移给丙酮酸生成丙氨酸，丙氨酸被释放入血，后运至肝脏。在肝脏内，丙氨酸通过联合脱氨基作用生成丙酮酸和氨，氨用于合成尿素，丙酮酸经糖异生转变成葡萄糖。葡萄糖再经血液运送至肌肉组织，肌肉收缩时葡萄糖酵解重新转变成丙酮酸，后者再加氨转变为丙氨酸。这种丙氨酸和葡萄糖反复在肌肉和肝脏之间进行的氨的转运过程，就是葡萄糖 - 丙氨酸循环（图 7-1）。

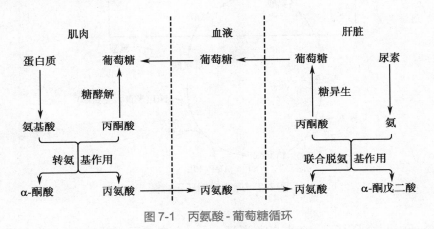

图 7-1　丙氨酸 - 葡萄糖循环

2. 谷氨酰胺转运氨　这是脑和肌肉组织的氨运输至肝脏的方式。脑、肌肉组织中生成的氨在谷氨酰胺合成酶的催化氨下与谷氨酸反应生成无毒的谷氨酰胺，谷氨酰胺由血液运送至肝或肾，再经谷氨酰胺酶催化，水解释放氨。反应需要消耗 ATP。谷氨酰胺的合成和分解是由不同酶催化的不可逆反应，谷氨酰胺既是氨的解毒产物，又是氨的暂时储存及运输形式。在正常情况下，谷氨酰胺在血液中浓度远远高于其他氨基酸，在脑组织中谷氨酰胺在固定氨和转运氨方面均起着重要作用。因此，临床上对氨中毒患者可以通过补充谷氨酸盐来降低血氨浓度。

### （三）尿素的合成

尿素是氨代谢的最终产物。机体内的氨大部分在肝脏内合成尿素后经肾脏排出，少部分以铵盐的形式随尿液排出体外。因此，肝脏是合成尿素的主要器官，其他器官如肾、脑等虽也能合成，但量很少。临床上通过检测血液中氨的浓度，可以了解肝脏功能；通过检测血液中尿素含量，了解肾功能。1932 年 Krebs 等提出尿素在体内的合成全过程称鸟氨酸循环，鸟氨酸循环的详细过程比较复杂。

1. 氨基甲酰磷酸的合成　$NH_3$ 和 $CO_2$ 在肝细胞线粒体内由氨基甲酰磷酸合成酶催化合成氨基甲酰磷酸，此反应需 2 分子 ATP 提供能量。

2. 瓜氨酸的合成　在线粒体内氨基甲酰磷酸经鸟氨酸氨基甲酰转移酶催化，将氨基甲酰转移至鸟氨酸，生成瓜氨酸。

3. 精氨酸的合成　在线粒体内合成的瓜氨酸线粒体转运到细胞质中，在精氨酸代琥珀酸合成酶的催化下与天冬氨酸反应生成精氨酸代琥珀酸。精氨酸代琥珀酸再由精氨酸代琥珀酸裂解酶催化裂解为精氨酸及延胡索酸。

4. 尿素的合成　在胞质中的精氨酸由精氨酸酶催化生成尿素和鸟氨酸，鸟氨酸进入线粒体再参与下一次循环，重复尿素的合成过程——鸟氨酸循环（图 7-2）。

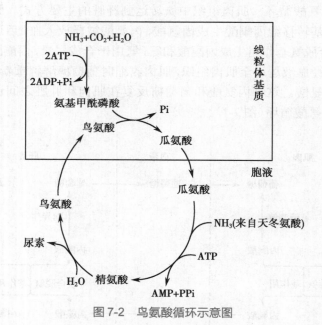

图 7-2　鸟氨酸循环示意图

尿素分子中两个氨基，一个来自游离氨，另一个来自天冬氨酸，而天冬氨酸又可由其他氨基酸通过转氨基作用生成。而且，尿素的合成过程需消耗 4 个高能磷酸键。其中合成氨甲酰磷酸时消耗了 2 分子 ATP 生成 ADP，而在合成精氨琥珀酸时消耗 1 分子 ATP1 生成

AMP 和焦磷酸,这一过程实际上是水解了两个高能磷酸键。

尿素合成反应方程式为:

$$NH_3 + CO_2 + 天冬氨酸 + 3ATP + 2H_2O \longrightarrow 尿素 + 延胡索酸 + 2ADP + AMP + 4Pi$$

### (四)高血氨与氨中毒

由尿素的形成过程可见,鸟氨酸循环是机体处理氨的主要途径。正常情况下,氨的来源和代谢保持动态平衡,血氨浓度较低。当肝脏受损,尿素合成受阻,可使血氨浓度升高,称为高血氨症。当血氨浓度升高时,大量的氨进入脑组织,并与谷氨酸结合成谷氨酰胺以降低毒性。此时,脑组织因需要大量合成谷氨酸使 α- 酮戊二酸消耗急剧增多,导致三羧酸循环减弱,ATP 合成减少,大脑功能不足。这是肝性脑病发生的重要原因之一。临床上常根据不同的发病原因采取措施,如限制高蛋白的摄入,补充适量的精氨酸和相应的 α- 酮酸等进行治疗。

# 第三节 特殊氨基酸的代谢

由于每一个氨基酸的碳链部分的结构不同,因此除上述一般代谢途径外,还有特殊代谢,如氨基酸的脱羧作用、一碳单位的代谢、甲硫氨酸代谢、苯丙氨酸代谢、酪氨酸代谢等。

## 一、氨基酸的脱羧基作用

氨基酸在脱羧酶(辅酶为维生素 $B_6$)的作用下脱去羧基生成相应的胺和 $CO_2$ 的过程称为氨基酸的脱羧作用。脱羧作用产生的胺类不多,但多具有重要的生理作用。例如:γ- 氨基丁酸是谷氨酸的脱羧产物,其作用是抑制突触传导,属中枢神经抑制性递质;5- 羟色胺是色氨酸经羟化脱羧后的产物,也是一种神经递质,能促进外周血管的收缩;组胺是组氨酸脱羧产物,具有很强的扩张血管、刺激胃液分泌的作用。

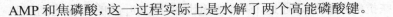

## 二、一碳单位的代谢

1. 一碳单位的概念及种类 某些氨基酸在分解代谢过程中产生的含一个碳原子的原子团称为一碳单位(one carbon group)或一碳基团。体内的一碳单位有甲基(—$CH_3$)、亚甲基(—$CH_2$—)、次甲基(—$CH=$)、甲酰基(—$CHO$)和亚氨甲基(—$CH=NH$)等。

2. 一碳单位的载体——四氢叶酸 一碳单位来自丝氨酸、甘氨酸、甲硫氨酸、色氨酸和组氨酸的分解代谢。这些一碳单位性质活泼,不能以游离形式存在,需要与四氢叶酸($FH_4$)结合后一起转运,参加代谢。因此,四氢叶酸是一碳单位的载体,也是一碳单位代谢的辅酶。一碳单位与 $FH_4$ 结合的位点在 $FH_4$ 的 $N^5$ 和 $N^{10}$ 上。这些一碳单位之间可以通过氧化还原反应相互转化。一碳单位的来源和互变见下图(图 7-3)。

3. 一碳单位的生理作用 一碳单位不仅是甲硫氨酸合成时甲基的供给者,更重要的是合成嘧啶和嘌呤的原料,因此与蛋白质和核酸的代谢关系密切,与细胞的增殖、组织生长、机体发育等关系密切。例如,一碳单位代谢异常可导致红细胞在复制之后无法分裂,所以红细胞越来越大但无法成熟,形成巨大的不具有成熟功能的未成熟红细胞,造成巨幼红细胞性贫血。目前,临床上一些抗癌药物就是通过干扰肿瘤细胞的四氢叶酸的合成达到抗肿瘤的作用。

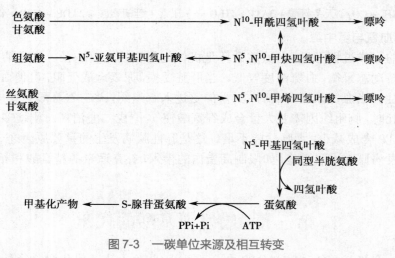

图 7-3　一碳单位来源及相互转变

### 三、苯丙氨酸及酪氨酸的代谢

苯丙氨酸和酪氨酸结构相似,均属于芳香族氨基酸,是生糖兼生酮氨基酸。苯丙氨酸在体内经苯丙氨酸羟化酶催化生成酪氨酸,但是酪氨酸不能转变为苯丙氨酸,因此,苯丙氨酸是必需氨基酸而酪氨酸是非必需氨基酸。

1. 苯丙氨酸的代谢　苯丙氨酸在肝脏内苯丙氨酸羟化酶的催化下氧化生成酪氨酸(图 7-4)。若苯丙氨酸羟化酶先天性缺失,则苯丙氨酸羟化生成酪氨酸受阻,经转氨基作用生成大量苯丙酮酸随尿液排出,称为苯丙酮酸尿症。苯丙酮酸的堆积损伤中枢神经系统,患儿智力发育障碍。

2. 酪氨酸的代谢　酪氨酸的代谢涉及一些神经递质、激素及黑色素的合成。

酪氨酸是合成儿茶酚胺类(多巴胺、去甲肾上腺素和肾上腺素)及甲状腺素的原料。酪氨酸在酪氨酸羟化酶的作用下先生成多巴,在进一步脱羧生成多巴胺,多巴胺羟化可生成去甲肾上腺素,后者甲基化生成肾上腺素。

酪氨酸在黑色素细胞内羟化生成多巴后,经一系列反应可以合成黑色素(图 7-4)。若合成过程中酶系缺乏,则黑色素合成障碍,导致白化病。

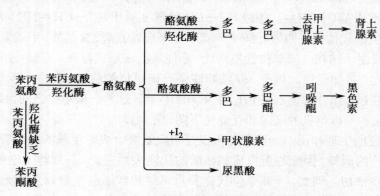

图 7-4　苯丙氨酸及酪氨酸的代谢

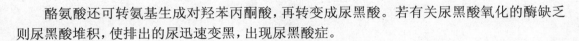

酪氨酸还可转氨基生成对羟苯丙酮酸,再转变成尿黑酸。若有关尿黑酸氧化的酶缺乏则尿黑酸堆积,使排出的尿迅速变黑,出现尿黑酸症。

### 四、蛋氨酸的代谢及肌酸和磷酸肌酸的生成

#### (一)蛋氨酸的代谢

蛋氨酸可与 ATP 作用生成 S- 腺苷蛋氨酸。S- 腺苷蛋氨酸又称活性蛋氨酸,是人体内重要的甲基供体。S- 腺苷蛋氨酸提供甲基后转变成 S- 腺苷同型半胱氨酸,然后脱去腺苷生成同型半胱氨酸,再接受 $N^5$- 甲基四氢叶酸提供的甲基重新生成蛋氨酸,这个过程称为蛋氨酸循环。通过蛋氨酸循环,可以将来源不同的一碳单位转变成活泼甲基供体 S- 腺苷蛋氨酸,参与体内的各种甲基化反应,合成肌酸、胆碱、肾上腺素等多种含甲基的生理活性物质。

#### (二)肌酸和磷酸肌酸的生成

肌酸和磷酸肌酸是能量储存、利用的重要化合物。肌酸是由甘氨酸为骨架,精氨酸提供脒基,由 S- 腺苷蛋氨酸提供甲基,在肌酸激酶催化下合成。S- 腺苷蛋氨酸是 ATP 供能情况下蛋氨酸在腺苷转移酶作用下生成的。

肌酸在肌酸激酶催化下储存 ATP 提供的 1 个高能磷酸键,形成磷酸肌酸。耗能时磷酸肌酸重新分解生成 ATP 及肌酸。磷酸肌酸是肌肉或其他可兴奋性组织中的一种高能磷酸化合物,是高能磷酸基的暂时贮存形式。磷酸肌酸水解时,每摩尔化合物释放 10.3kJ 的自由能,比 ATP 释放的能量还多。肌酸和磷酸肌酸经脱水、脱磷酸形成肌酐后经肾脏排出体外。正常人每天排出量恒定,且肾小管对其重吸收率极低,因此,临床上通过测定血清和尿液中肌酐含量,来判断肾脏的过滤功能。

(贾 梅)

 思考题

1. 叙述氨基酸的来源和去路及氨基酸脱氨基的方式。

2. 叙述体内氨的来源、去路和转运方式,运用生物化学知识解释肝性脑病发生的机制及临床上采用的降血氨措施的机理。

3. 简述一碳单位的定义、概念及其代谢意义,解释维生素 $B_{12}$ 缺乏与巨幼红细胞贫血的关系。

4. 叙述体内苯丙氨酸和酪氨酸的代谢,解释白化病、苯丙酮酸尿症的生化机制。

# 第八章 物质代谢的调节和细胞信号的转导*

 学习目标

1. 掌握物质代谢的特点，糖、脂肪、蛋白质三大营养物质代谢的联系。
2. 熟悉物质代谢的相互关系，代谢调节的水平，机体在饥饿或饱食情况下的代谢调节，第二信使学说。
3. 了解常见的信号分子、受体及其分类，胞内受体介导的信号转导途径，物质代谢的调节和细胞信号的转导与医学的关系。

新陈代谢（metabolism）是机体与外界环境不断进行物质交换、并在机体内进行化学变化的过程，其中伴随着能量转移。前者为物质代谢（material metabolism），后者为能量代谢（energy metabolism），物质代谢与能量代谢密不可分。伴随着新陈代谢有信息传递。

## 第一节 物质代谢的特点

### 一、各种物质代谢形成一个有机整体

体内糖、脂、蛋白质、水、维生素、核酸等各种物质的代谢都不是彼此孤立的，而是同时进行，彼此相互联系、相互转变、相互依存、相互制约，从而构成统一的整体（图 8-1）。例如，糖、脂、蛋白质在体内氧化过程中都经乙酰 CoA，进入三羧酸循环氧化；不同的代谢途径的交叉点，如糖各种代谢途径中的 6- 磷酸葡萄糖，使得各代谢途径能够协调沟通、转化，形成运行良好的代谢网络；正常肝细胞的糖代谢表现为巴士德效应（Pasteur effect），即有氧氧化抑制酵解，肝癌细胞表现为克雷布特里效应（Crabtree effect），即酵解抑制有氧氧化。

当外界环境条件或者体内某代谢发生变化如饥饿、应激时，相互关联的多个代谢途径与代谢反应的方向和速度都会发生改变，呈现物质代谢的整体性。

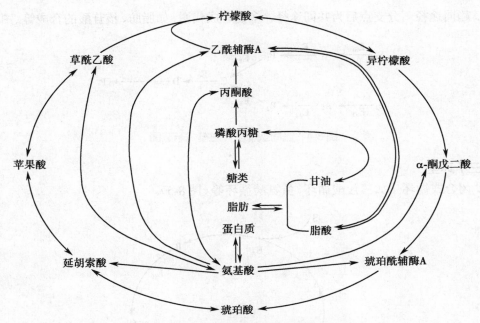

图 8-1 蛋白质、糖类和脂肪代谢整体示意图

## 二、物质代谢有序进行

物质代谢是通过酶促反应实现的。不同的酶将各类物质按照类别纳入相应的代谢途径，通过少数种类或途径的反应完成众多物质的代谢，从而使物质代谢合理而有序进行。

代谢途径的模式有四种：

### （一）直线型

如糖酵解、糖原分解、氨基酸的联合脱氨作用等（图 8-2）。

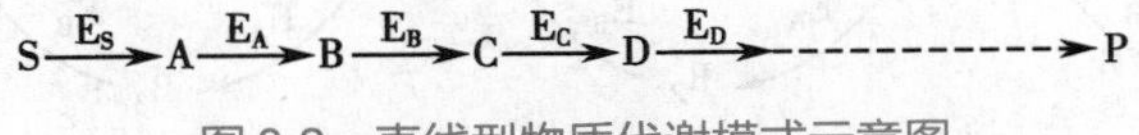

$$S \xrightarrow{E_S} A \xrightarrow{E_A} B \xrightarrow{E_B} C \xrightarrow{E_C} D \xrightarrow{E_D} \dashrightarrow P$$

图 8-2 直线型物质代谢模式示意图

### （二）分支型

1. 趋散途径　分支点前为共同途径，其后为不同途径，如 6- 磷酸葡萄糖可进入糖酵解，也可进行磷酸戊糖途径；磷酸二羟丙酮作为糖、脂代谢分支点等（图 8-3）。

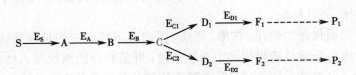

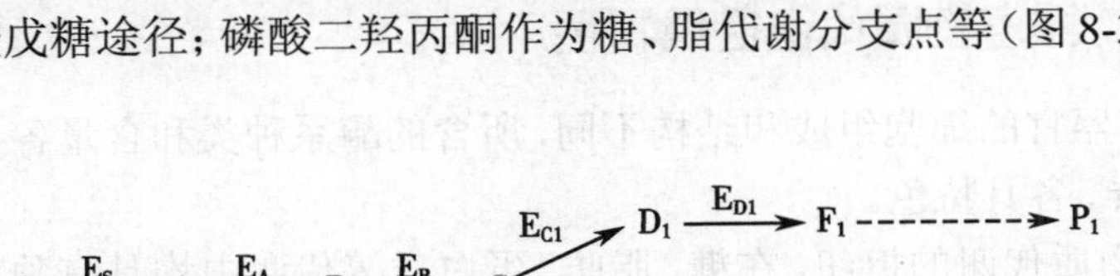

图 8-3 趋散型物质代谢模式示意图

81

2. 趋同途径　分支点后为共同途径。多为合成代谢，如脂肪、核苷酸的合成等（图 8-4）。

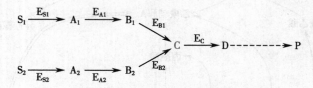

图 8-4　趋同型物质代谢模式示意图

### （三）环型

1. 闭合式循环　如三羧酸循环、蛋氨酸循环等（图 8-5）。

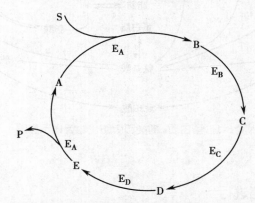

图 8-5　闭合式循环物质代谢模式示意图

2. 开放式循环　脂肪酸的合成、脂肪酸的 β- 氧化等（图 8-6）。

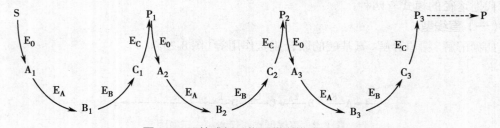

图 8-6　开放式循环物质代谢模式示意图

### （四）混合途径

根据代谢需要，多种模式出现在一条代谢途径上，如呼吸链等。

## 三、各组织、器官物质代谢各具特色

由于各组织、器官的细胞组成和结构不同，所含的酶系种类和含量各不相同，因而其代谢途径及功能各异，各具特色。

肝脏是机体物质代谢的枢纽，在糖、脂肪、蛋白质等代谢中均具有独特而重要的地位。肝脏通过糖原合成与分解及糖异生调节血糖浓度；肝脏和脂肪组织是人体内糖转变成脂肪的两个主要场所。肝脏能分泌胆汁，促进脂类的消化和吸收；肝脏是氧化分解脂肪酸的主要场所，也是人体内生成酮体的主要场所。肝脏能合成多种蛋白质，在蛋白质分解代谢，尤其是将氨基酸代谢产生的有毒的氨通过鸟氨酸循环合成尿素。

脑及成熟红细胞无糖原储存。成熟红细胞则只以葡萄糖作为唯一的能源物质，能量主要来自葡萄糖的酵解途径。肌肉中因缺乏糖异生途径的葡萄糖 -6- 磷酸酶，糖原不能降解成葡萄糖。脂肪组织的功能是储存和动员脂肪，含有脂蛋白脂酶及特有的激素敏感脂肪酶。

# 第二节　物质代谢的相互关系

## 一、ATP 是机体贮存能量及消耗能量的共同形式

糖、脂肪、蛋白质三大营养物质虽然在分解时代谢的途径不同，但却有共同的规律，大致分为三个阶段（图 8-7）。第一个阶段是高分子的糖、脂肪、蛋白质分别分解为各自的基本组成单位；第二个阶段葡萄糖、甘油、脂肪酸、氨基酸分别进入各自氧化分解途径，生成活泼的乙酰 CoA；第三个阶段是乙酰 CoA 进入三羧酸循环，彻底氧化成 $CO_2$ 和 $H_2O$。第二、三两个阶段释放的能量约 40% 储存于 ATP 等高能化合物分子中，其余以热能的形式散失。

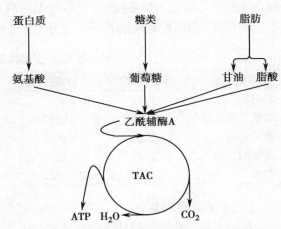

图 8-7　蛋白质、糖类和脂肪代谢阶段示意图

从能量供应的角度来看，这三大营养物质可以相互替代，也相互制约。正常情况下，以糖、脂肪为主要供能者，糖供能 50%～70%，脂肪供能 10%～40%；蛋白质是细胞最重要的成分，机体尽量节约对它的消耗。

## 二、糖、脂和蛋白质通过中间代谢物的相互关系

糖、脂、蛋白质各异，但通过共同的中间产物、三羧酸循环和生物氧化等相互关联，其中乙酰 CoA、三羧酸循环是糖、脂、蛋白质代谢相互联系的重要枢纽。

糖可转变为脂肪，过量摄入以糖为主的食物会令人发胖的原因是糖转变成脂肪；脂肪的甘油部分可转变为糖。大部分氨基酸代谢相互转化糖，糖可以参与非必需氨基酸生成。氨基酸能转变为脂肪，脂肪的甘油部分可转变为非必需氨基酸（图 8-8）。

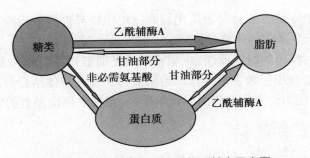

图 8-8　蛋白质、糖类和脂肪相互转变示意图

# 第三节 代谢调节

物质代谢通过酶促反应而进行，通过调节实现。代谢调节通过细胞水平、激素水平和整体水平这三个水平来实现的。

## 一、细胞水平的代谢调节

### （一）酶的区域性分布

物质代谢途径是由一系列酶促反应组成，有关酶类常组成酶体系，分布于细胞的某一区域或亚细胞结构中。例如，糖酵解酶系、磷酸戊糖途径酶系、糖原合成及分解酶系、脂肪酸合成酶系均存在于细胞液中，三羧酸循环酶系、氧化磷酸化酶系、脂肪酸 β- 氧化酶系则分布于线粒体，而核酸合成酶系绝大部分集中于细胞核内（表 8-1）。

表 8-1　多酶体系的区域性分布

| 多酶体系 | 细胞部位 | 多酶体系 | 细胞部位 | 多酶体系 | 细胞部位 |
|---|---|---|---|---|---|
| 糖酵解 | 胞液 | β- 氧化 | 线粒体 | 磷脂合成 | 内质网 |
| 磷酸戊糖途径 | 胞液 | 三羧酸循环 | 线粒体 | 蛋白质合成 | 胞液、内质网 |
| 糖原合成 | 胞液 | 酮体生成 | 线粒体（肝） | 胆固醇合成 | 胞液、内质网 |
| 脂肪酸合成 | 胞液 | 呼吸链 | 线粒体 | 多种消解酶 | 溶酶体 |
| 糖异生 | 胞液 | 尿素合成 | 胞液、线粒体 | 核酸合成 | 细胞核 |

### （二）关键酶的调节

细胞内某一代谢途径的方向和速度是由其中一个或几个酶的活性所决定的，这些决定代谢方向和调节代谢速度的酶称为调节酶（regulatory enzymes）或关键酶（key enzymes）。细胞水平代谢调节主要是通过调节关键酶活性，按调节效应的快慢分为快速调节和迟缓调节两类。

快速调节常见有两种，一种是通过酶的底物、酶体系的终产物或其他小分子代谢物改变关键酶构象和酶活性，类似反馈调节；另一种是改变酶的化学组成，如酶的磷酸化与脱磷酸，从而调节物质代谢的强度、方向以及细胞内能量的供需平衡。

迟缓调节主要是调节细胞内酶的含量，可分为两个方面，一方面是酶蛋白合成的诱导与阻遏，诱导增加酶的含量，阻遏减少酶的含量；另一方面是酶蛋白降解，可以促进酶蛋白的降解，也可以减少酶的降解。

## 二、激素水平的代谢调节

激素作用的一个重要特点就是表现出较高的组织特异性和效应特异性，即不同的激素作用于不同的组织产生不同的生物学效应。

激素之所以能对特定的组织或细胞（靶组织或靶细胞）发挥作用，是由于该组织或细胞存在能特异识别和结合相应激素的受体。当激素与靶细胞受体结合后，能将激素的信号跨膜传递入细胞内，转化为一系列细胞内的化学反应，最终表现出激素的生物学效应。

## 三、整体水平的代谢调节

机体还可通过神经系统及神经体液途径，对机体的生理功能及物质代谢进行调节，适

应内外环境的变化,维持内环境的相对恒定。现以饥饿和应激为例说明整体水平调节。

**（一）饥饿**

昏迷、食管及幽门梗阻等病理状态或特殊情况下不能进食时,若不能及时治疗或补充食物,则机体物质代谢在整体调节下发生一系列的改变。

1. **短期饥饿** 不能进食1～3天后,肝糖原显著减少,血糖趋于降低,引起胰岛素分泌减少和胰高血糖素分泌增加。

（1）肌肉蛋白质分解加强:肌肉蛋白质分解加快,释放入血的氨基酸量增加。

（2）糖异生作用增强:饥饿2天后,肝糖异生明显增加。

（3）脂肪动员加强:酮体生成增多,血浆甘油和游离脂肪酸含量升高。

（4）组织对葡萄糖的利用降低:心肌、骨骼肌及肾皮质摄取和氧化脂肪酸及酮体增加,保证脑组织和红细胞对葡萄糖的需求。

总之,饥饿时的能量主要来自脂肪和蛋白质。

2. **长期饥饿** 长期饥饿时代谢的改变与短期饥饿不同。

（1）脂肪动员进一步加强:肝生成大量酮体,脑组织利用酮体增加。

（2）肌肉组织代谢变化:以脂肪酸为主要能源,保证酮体优先供应脑组织。

（3）糖异生:乳酸和丙酮酸成为肝糖异生的主要来源;肾糖异生作用明显增强。

**（二）应激**

应激（stress）是人体受到一些异乎寻常的刺激,如创伤、剧痛、冻伤、缺氧、中毒、感染以及剧烈情绪激动等所作出一系列反应的"紧张状态"。应激状态时,交感神经兴奋,肾上腺髓质及皮质激素分泌增多,血浆胰高血糖素及肾上腺素水平增加,而胰岛素分泌减少,引起血糖升高、脂肪动员增强、蛋白质分解加强等一系列代谢改变。

 知识窗

**代谢综合征**

代谢综合征（metabolic syndrome, MS）是指多种代谢异常簇集发生在同一个体的临床状态。这些代谢异常包括糖耐量减低、糖尿病、中心性肥胖（腹型肥胖）、脂代谢紊乱、高血压和心脑血管病等。MS具有明显的家庭聚集性,病因与发病机制尚不完全清楚,一般认为主要在三种可能:①肥胖和脂肪组织功能异常;②胰岛素抵抗;③遗传和环境因素是导致MS的危险因素。

# 第四节　细胞信号转导途径

人体细胞之间的信息传递可以通过相邻细胞的直接接触,但更重要的是通过细胞分泌各种化学物质来调节自身和其他细胞的代谢和功能。细胞间的信息传递是跨膜的信号转导,包括以下步骤:特定的细胞释放信息物质→信息物质经扩散或血液循环到达靶细胞→与靶细胞的受体特异性结合→受体对信号进行转换并启动靶细胞内信使系统→靶细胞产生生物学效应。

## 一、信号分子

通常情况下,细胞间信号分子称为第一信使,细胞内信号分子称为第二信使。

### （一）细胞间信号分子

由细胞分泌的调节靶细胞生命活动的化学物质统称为细胞间信号分子。目前已知的信号分子的种类有蛋白质和肽类、氨基酸及其衍生物、类固醇激素、脂肪酸衍生物和一氧化氮等（表8-2）。根据信息物质的特点及其作用方式将细胞间信息物质分为：

1. 内分泌信号　又叫激素。由特殊分化的内分泌细胞释放，通过血液循环到达靶细胞，如胰岛素、甲状腺素和肾上腺素等。由于内分泌信号即激素在血液中存在一定的浓度，其作用时间比较长。

2. 旁分泌信号　又称局部化学物质。体内某些细胞能分泌一种或数种化学介质，不进入血液循环，而是通过扩散作用到达附近的靶细胞，如生长因子、细胞生长抑素和前列腺素等。除生长因子外，它们的作用时间比较短。

3. 突触分泌信号　即神经递质。由神经元突触前膜释放，通过突触间隙作用于突触后膜，如乙酰胆碱和去甲肾上腺素等。神经递质的作用迅速，持续时间短，比较适合神经调节。

4. 自分泌信号　某些细胞能作用于同种细胞或对分泌细胞自身起调节作用，如一些癌蛋白等。

有些细胞间信息物质可在不同的个体之间进行传递，例如昆虫的性激素。

表8-2　细胞间信号分子的分类、受体及功能

| 种类 | 信号分子 | 受体 | 功能 |
|---|---|---|---|
| 神经递质 | 乙酰胆碱、谷氨酸、去甲肾上腺素、γ-氨基丁酸 | 膜受体 | 离子通道开闭 |
| 生长因子 | 胰岛素样生长因子-1、表皮生长因子、血小板源性生长因子 | 膜受体 | 酶蛋白和功能蛋白磷酸化和脱磷酸，改变细胞的代谢和基因表达 |
| 激素 | 蛋白质、多肽及氨基酸类激素 | 膜受体 | 同上 |
|  | 类固醇激素、甲状腺素 | 胞内受体 | 影响转录 |

### （二）细胞内信号分子

在细胞内传递细胞调控信号通路的化学物质统称细胞内信号分子（表8-3）。人们通常将 $Ca^{2+}$、cAMP、cGMP、DG、$IP_3$ 等在细胞内传递信息的小分子化合物称为第二信使（secondary messenger）。

表8-3　细胞内信号分子的种类与功能

| 种类 | 信号分子 | 功能 |
|---|---|---|
| 无机离子 | $Ca^{2+}$ | 多种生理效应、激活 CaM 激酶、C 激酶 |
| 核苷酸 | cAMP、 | 激活 A 激酶、产生 β 受体效应 |
|  | cGMP | 激活 G 激酶、参与视杆细胞感光效应 |
| 脂类衍生物 | 二酰甘油（DG） | 激活 C 激酶、产生 α 受体效应 |
| 糖类衍生物 | 三磷酸肌醇（$IP_3$） | 促进肌浆网 $Ca^{2+}$，激活 CaM 激酶 |

## 二、受体

受体是细胞膜上或细胞内能特异识别包括细胞间信息物质在内的生物活性分子并与之结合，进而引起相应的生物学效应的特殊蛋白质，个别是糖脂。能够与受体特异性结合的生物活性分子称为配体（ligand）。激素、生长因子、神经递质等是常见的配体，此外，某些药物、维生素和毒物也可作为配体对细胞产生作用。

根据受体在细胞中的存在的不同部位，可将受体分为膜受体和胞内受体两种。

### （一）膜受体

膜受体是存在于细胞膜上的镶嵌蛋白质。根据膜受体的结构与功能的不同将其分为三类：离子通道受体、G 蛋白偶联受体和具有酶活性的受体。

1. 离子通道受体 又称环状受体。此类受体的共同特点是由多个亚基组成的环形的受体/离子通道复合体，跨膜信号转导无需中间步骤，反应迅速，一般只需几毫秒，在神经冲动的快速传递中起作用（神经递质如乙酰胆碱等，图 8-9）。

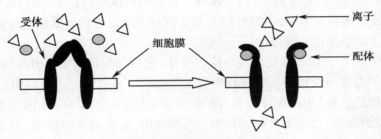

图 8-9 离子通道型受体作用示意图

2. G 蛋白偶联受体 又称蛇型受体。此类受体细胞外有与配体结合的部位，细胞内有与 G 蛋白的偶联区；跨膜信号经 G 蛋白作用后，使靶酶产生细胞内信息物质即第二信使，进而产生相应的生物学效应（图 8-10）。例如 $\alpha_2$- 肾上腺素受体与 $\beta$- 肾上腺素受体等。

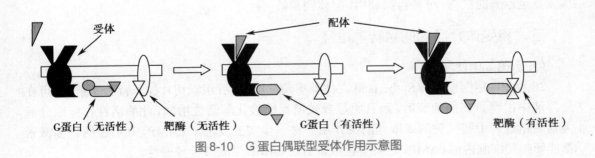

图 8-10 G 蛋白偶联型受体作用示意图

3. 具有酶活性的受体 此类受体是一种具有跨膜结构的酶蛋白，细胞外有配体结合区，细胞内酪氨酸蛋白激酶区，细胞外部分与配体结合，细胞内的蛋白激酶即被激活（图 8-11）。与此类受体结合的配体有表皮生长因子（EGF）、胰岛素样生长因子 -1（IGF-1）、血小板源性生长因子（PDGF）和成纤维细胞生长因子（FGF）等。

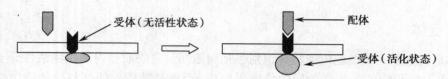

图 8-11　具有酶活性的受体作用示意图

### （二）胞内受体

胞内受体分布于胞浆或胞核，与相应配体结合后，与 DNA 分子结合后，调节基因转录。作用于此类受体的配体有类固醇激素、甲状腺素和维生素 D 等。

### （三）受体作用的特点

受体因配体而存在，其与配体的结合为受体作用的特点。

**1. 高度专一性**　受体选择性地与特定的配体结合是一种分子识别过程，是靠两者分子结构的互补性而进行的特异性结合。

但是，受体的特异性也不能简单地理解为任何一种受体仅能与一种配体结合。研究表明，同一细胞或不同类型的细胞中，同一配体可能有两种或两种以上的受体，产生不同的细胞反应。如肾上腺素有 α 和 β 两种受体，作用于皮肤黏膜血管的 α 受体使血管平滑肌收缩，作用于支气管平滑肌等使其舒张。

**2. 高度亲和力**　无论是膜受体还是胞内受体，它们与配体的亲和力都极强。但有些配体与受体的亲和力在与受体的结合过程中会发生变化。多数情况下表现为负协同作用，即部分配体与受体结合后，引起配体与被占据的受体之间亲和力下降，加速二者之间的解离，如胰岛素、乙酰胆碱等；个别配体则表现为正协同作用，如抗利尿激素等。

**3. 可饱和性**　受体与配体的结合表现为亲和力极高的特异性结合与亲和力很低的非特异性结合两种。非特异性结合是一种物理吸附作用，不具备可饱和性。

特异性结合很容易饱和，反映受体在靶细胞上的数目是一定的。某些受体的数目会随着配体的浓度发生变化，表现为激动剂过长时间刺激引起的"脱敏作用"，或较长时间激素刺激引起的激素撤退时的"超敏作用"。

**4. 可逆性**　受体与配体以非共价键形式结合，当生物效应发生后，配体与受体解离，受体恢复至原来的状态，可被再次利用，配体则常被灭活。

## 三、膜受体介导的信号转导途径

### （一）第二信使学说

20 世纪 50 年代，E.W.Sutherland 在体外实验发现，向肝组织切片加入肾上腺素时，可在悬浮液中出现游离的葡萄糖，而且明显导致糖原磷酸化酶活性增加，此酶活性在糖原分解为葡萄糖过程中起关键酶或限速酶的作用。进一步实验发现了 cAMP，其后证明许多激素都能影响靶细胞内的 cAMP，说明多种激素引起 cAMP 生成具有普遍性。

E.W.Sutherland 于 1968 年正式提出了第二信使学说：胞外化学物质（第一信使）不能进入胞内，它作用于细胞表面专一受体，导致产生胞内第二信使，从而激发一系列的生物化学反应，最后产生一定的生理效应，第二信使的降解使其作用停止（图 8-12）。

### （二）常见的第二信使

膜受体介导的信号转导途径是指细胞外的信号分子与靶细胞膜表面的受体结合，激活产生细胞内信号分子（第二信使）的酶，细胞内信号分子激活蛋白激酶后，再激活相应的效应酶，触发细胞内的信号转导过程。常见的第二信使有 cAMP、cGMP、$Ca^{2+}$、DAG、$IP_3$ 等。

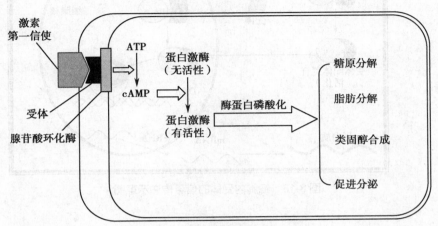

图 8-12　第二信使学说示意图

### 第二信使学说的发现

20 世纪 50 年代初，E．W．Sutherland 在体外实验发现，向肝组织切片加入肾上腺素时，能够加速肝糖原分解为葡萄糖，可在悬浮液中出现游离的葡萄糖，酶活性检测发现糖原磷酸化酶活性增高，提示肾上腺素能够激活糖原磷酸化酶。但把肾上腺素与纯化的糖原磷酸化酶一起保温却没有糖原磷酸化酶活性增高，提示肾上腺素激活糖原磷酸化酶属于间接作用，需要肝细胞中某种因子参与。后来证明为 cAMP。

其后证明许多激素都能影响靶细胞内的 cAMP，说明多种激素引起 cAMP 生成具有普遍性意义，使得第二信使学说更加完善。进一步发现了细胞内有更多的第二信使，使得第二信使学说内容更加丰富。

### 四、胞内受体介导的信号转导途径

与胞内受体结合的激素一般为疏水性小分子甾体激素，多与生长发育等生理过程有关，因其特性可以靠简单扩散进入胞内。当激素与胞浆内受体结合后，形成激素 - 受体复合物，受体的构象发生改变，通过核孔进入核内，然后激素 - 受体复合物作用于结合在 DNA 上的蛋白质，从而使基因易于或不能转录。激素若直接进入细胞核内，并与相应受体结合后，使受体的构象发生改变，亦形成激素 - 受体复合物，作用 DNA 上的蛋白质，调节转录（图 8-13）。

目前已知通过细胞内受体调节的激素有糖皮质激素、盐皮质激素、雄激素、孕激素、雌激素、甲状腺素和 1，25（OH）$_2$-$D_3$ 等。

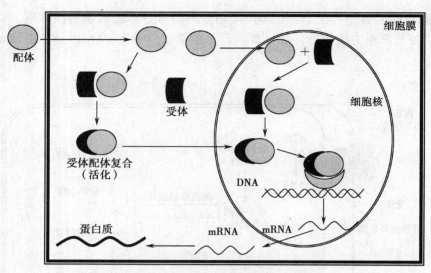

图 8-13　细胞内受体的信息传递示意图

# 第五节　物质代谢调节和细胞信号转导与医学

细胞信号转导正常是维持正常细胞代谢和功能的基础，也是人体正常代谢和功能的基础。如果信号分子及受体或信号转导过程某一环节发生异常，细胞信号转导障碍，将会导致疾病的发生。

## 一、细胞信号转导与疾病的发生

物理、化学、病原微生物以及遗传等多种因素都可导致机体内细胞信号转导异常、疾病发生。通常细胞信号转导异常的环节主要有胞外信息分子、受体、G 蛋白及细胞内信号分子异常，或多个信号转导环节异常。

例如，家族性高胆固醇血症就是典型的受体异常性疾病，由于患者机体细胞低密度脂蛋白（LDL）受体缺陷，导致低密度脂蛋白胆固醇不能被肝组织摄取，进而发生高胆固醇血症。又如，非胰岛素依赖型糖尿病的发病原因主要是患者胰岛素受体数量减少或功能障碍，且伴有受体后信息传递的异常，致使患者机体对胰岛素的敏感性下降，引起血糖升高。此外，霍乱和百日咳的发病机制也与细胞信息传递有关。

## 二、细胞信号转导与疾病的诊疗

依据信号转导的理论，临床上可通过对信号转导途径中的信息分子结构、活性及含量的检查来诊断或治疗疾病。开发针对性药物，对导致疾病发生的异常信号转导分子的活性进行调节，达到治疗疾病的目的。

目前研究较集中的是通过使用阻断受体的药物治疗疾病，如乙酰胆碱、肾上腺素、组胺 $H_2$ 受体的阻断药等。也有些药物是通过影响胞内第二信使的浓度来治疗疾病，如氨茶碱、咖啡因等，能抑制胞内 cAMP- 磷酸二脂酶的活性，增加 cAMP 含量，引起平滑肌松弛而发挥平喘作用。一氧化氮 -cGMP 信号通路是临床上作为治疗心血管疾病的靶点。而酪氨酸激酶（TPK）与肿瘤发生有关，可设计其特异性抑制剂，阻断细胞增殖，这可能是开发抗肿瘤药物的重要方向。

（艾旭光）

 **思考题**

1. 试述糖、脂和蛋白质是如何互相转变及其与能量代谢的关系。
2. 人体处于长期饥饿时物质代谢有何变化？及时补充葡萄糖有何生理意义？
3. 试述第二信使学说的基本原理。

# 第九章 核酸代谢和蛋白质的生物合成

**学习目标**

1. 掌握 DNA 复制的方式及概念；三种 RNA 在蛋白质合成中的作用；遗传密码子的概念及起始、终止密码子。
2. 熟悉核苷酸合成代谢的原料、分解代谢的产物；转录的概念；蛋白质生物合成的基本过程。
3. 了解基因表达的概念及特征；基因表达的方式；人类基因组学、后基因组学的研究。

核酸和蛋白质是生命活动过程中极其重要的物质，DNA 是遗传的物质基础，蛋白质是生命活动的体现者，蛋白质的生物合成受核酸的控制，而核酸的代谢及功能的发挥又需要蛋白质的参与。两者均参与生物体的生长、繁殖、遗传、变异等生命现象的基本过程，其结构和功能的研究对了解机体的免疫现象及免疫性疾病、病毒性疾病、放射病、遗传病、肿瘤、抗生素及某些药物的作用等有重要意义。

## 第一节 核苷酸代谢

### 一、核苷酸的合成代谢

核苷酸的合成代谢有从头合成和补救合成两种途径。从头合成途径是指利用 5- 磷酸核糖、一碳单位、$CO_2$ 及氨基酸等简单物质为原料，经过一系列酶促反应合成核苷酸的过程。补救合成途径是指利用体内游离的碱基或核苷，经过简单的反应合成核苷酸的过程。一般情况下，从头合成途径是体内大多数组织核苷酸合成的主要途径，而骨髓、脑等少数组织因缺乏从头合成途径的酶，只能进行补救合成。

**（一）嘌呤核苷酸的合成**

1. 嘌呤核苷酸的从头合成途径　嘌呤核苷酸从头合成的基本原料包括 5- 磷酸核糖、谷氨酰胺、天冬氨酸、甘氨酸、一碳单位和 $CO_2$（图 9-1）。从头合成的主要器官为肝脏，其次为小肠黏膜和胸腺。

反应过程分两个阶段：首先在 5- 磷酸核糖的基础上逐步合成次黄嘌呤核苷酸（IMP），IMP 再转化为 AMP 和 GMP。AMP 和 GMP 经过磷酸化反应分别生成 GTP 和 ATP，GTP 和 ATP 是合成 RNA 的原料。

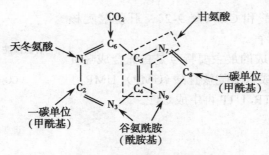

图 9-1 嘌呤碱的元素来源

$$AMP \xrightarrow[ATP]{激酶} ADP \xrightarrow[ATP]{激酶} ATP$$

$$GMP \xrightarrow[ATP]{激酶} GDP \xrightarrow[ATP]{激酶} GTP$$

2.嘌呤核苷酸的补救合成途径 补救合成途径是细胞利用现有的嘌呤碱或嘌呤核苷与 5- 磷酸核糖 -1- 焦磷酸（PRPP）反应形成嘌呤核苷酸的过程，催化反应的酶有腺嘌呤磷酸核糖转移酶（APRT）和黄嘌呤 - 鸟嘌呤磷酸核糖转移酶（HGPRT）。

$$腺嘌呤 + PRPP \xrightarrow{APRT} AMP + PPi$$

$$鸟嘌呤 + PRPP \xrightarrow{HGPRT} GMP + PPi$$

机体的某些组织（如脑和骨髓等）由于缺乏从头合成嘌呤核苷酸的酶系，只能进行补救合成，不能进行从头合成途径。因此，补救合成途径对于这些组织器官有着重要意义。

 知识窗

### 自毁容貌症

Lesch-Nyhan 综合征，又称为自毁容貌症，是先天基因缺陷导致次黄嘌呤 - 鸟嘌呤磷酸核糖转移酶（HGPRT）的缺失引起的。缺乏 HGPRT 使脑内核苷酸与核酸合成障碍，次黄嘌呤和鸟嘌呤不能转换为 IMP 和 GMP，而是降解为尿酸，进而影响脑细胞的生长发育导致的遗传代谢性疾病。Lesch－Nyhan 综合征常见于男性，表现为尿酸增高及神经异常，如脑发育不全、智力低下、出现攻击和自残行为。患儿发作性地用牙齿咬伤自己的手指、嘴唇、口腔黏膜等；或将自己的手、脚插入转动的机器齿轮中；或从高处跳下跌伤，甚至将手指插入电流插座里。这时患者知觉是正常的，对自己身上的任何伤残都会感到难忍的疼痛，但患者往往一边由于疼痛而惨叫，一边仍继续这种自残行为。

## （二）嘧啶核苷酸的合成

1.嘧啶核苷酸的从头合成途径 嘧啶核苷酸从头合成所需的基本原料是 5- 磷酸核

糖、谷氨酰胺、天冬氨酸和 $CO_2$（图 9-2）。肝是嘧啶核苷酸从头合成的主要器官。

嘧啶核苷酸从头合成的最主要特点是首先合成嘧啶环，再与磷酸核糖连接成尿嘧啶核苷酸（UMP），UMP 在激酶催化下再转化为 UTP，UTP 再生成 CTP。

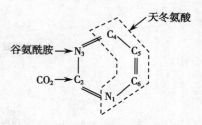

图 9-2　嘧啶碱的元素来源

UMP $\xrightarrow[\text{ATP} \quad \text{ADP}]{\text{激酶}}$ UDP $\xrightarrow[\text{ATP} \quad \text{ADP}]{\text{激酶}}$ UTP $\xrightarrow[\text{谷氨酰胺} \quad \text{谷氨酸}]{\text{三磷酸胞苷合成酶}}$ CTP

2. 嘧啶核苷酸的补救合成途径　细胞利用尿嘧啶、胸腺嘧啶及乳清酸作为底物，在嘧啶磷酸核糖转移酶的催化下生成相应的嘧啶核苷酸，但对胞嘧啶不起作用。各种嘧啶核苷可以在相应的核苷激酶的催化下，与 ATP 作用生成相应的嘧啶核苷酸和 ADP。如脱氧胸苷可通过胸苷激酶而生成 dTMP，但此酶在正常肝脏中活性很低，再生肝中活性升高，恶性肿瘤中明显升高，并与恶性程度有关。

嘧啶(除胞嘧啶外) + PRPP $\xrightarrow{\text{嘧啶磷酸核糖转移酶}}$ 嘧啶核苷酸 + PPi

### （三）脱氧核糖核苷酸的合成

脱氧核苷酸由二磷酸核苷还原生成，此反应由核糖核苷酸还原酶催化。二磷酸脱氧核苷在激酶催化下，消耗 ATP 生成三磷酸脱氧核苷酸，成为合成 DNA 的原料。

$$\left.\begin{array}{l}\text{ADP} \\ \text{GDP} \\ \text{CDP} \\ \text{UDP}\end{array}\right\} + \text{NADPH} + \text{H}^+ \xrightarrow{\text{核糖核苷酸还原酶}} \left\{\begin{array}{l}\text{dADP} \\ \text{dGDP} \\ \text{dCDP} \\ \text{dUDP}\end{array}\right. + \text{NADP}^+$$

## 二、核苷酸的分解代谢

体内核苷酸的分解代谢是逐步进行的，核苷酸在核苷酸酶作用下水解为核苷和磷酸，核苷再经核苷酶催化水解为戊糖和碱基，也可经核苷磷酸化酶催化生成磷酸戊糖和碱基。

### （一）嘌呤核苷酸的分解

人体内嘌呤核苷酸的分解代谢主要在肝、小肠及肾中进行。生成的嘌呤碱最终氧化成尿酸，经肾随尿排出体外。正常人血浆中尿酸的含量为 0.12～0.36mmol/L（2～6mg/dl），男性略高于女性。尿酸的水溶性较差，当血中尿酸含量超过 0.48mmol/L（8mg/dl）时，尿酸盐结晶可沉积于关节、软组织、软骨及肾等处，而导致关节炎、尿路结石及肾疾病等，引起疼痛、畸形及功能障碍，称为痛风。痛风多见于成年男性，原因尚不完全清楚，可能与嘌呤核苷酸代谢酶的遗传性缺陷有关。此外，当长期高嘌呤饮食、体内核酸大量分解（如白血病、恶性肿瘤等）或肾脏疾病而尿酸排出障碍时，均可导致血中尿酸升高。

临床上常用别嘌醇治疗痛风。其作用原理是别嘌醇的结构与次黄嘌呤结构类似，可竞争性抑制黄嘌呤氧化酶，抑制尿酸的生成（图 9-3）。

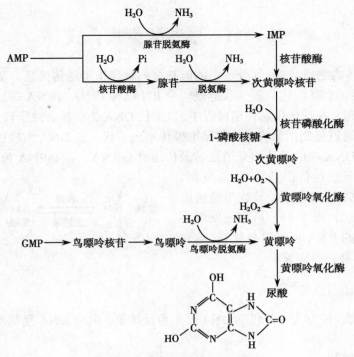

图 9-3  嘌呤核苷酸的分解代谢

## （二）嘧啶核苷酸分解

嘧啶核苷酸主要在肝中分解。生成的胞嘧啶脱氨基后转变为尿嘧啶，尿嘧啶最终分解生成 $NH_3$、$CO_2$ 及 β- 丙氨酸。胸腺嘧啶则分解成 $NH_3$、$CO_2$ 及 β- 氨基异丁酸。嘧啶碱的分解产物易溶于水，可直接随尿排出，也可以进一步分解（图 9-4）。

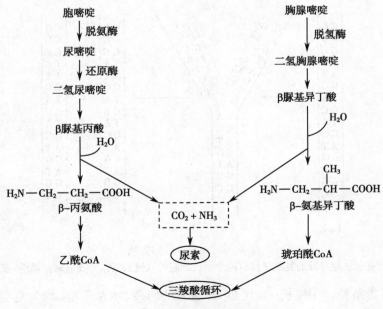

图 9-4  嘧啶核苷酸的分解代谢

95

## 第二节 核酸的生物合成

DNA 是遗传的物质基础,其分子中的碱基排列顺序携带遗传信息。基因是 DNA 分子中某个功能片段。它是编码一条多肽链或一个 RNA(如 tRNA、rRNA 等)分子所必需的全部 DNA 碱基序列。在遗传信息传递过程中,以亲代 DNA 为模板合成子代 DNA 的过程,称为 DNA 复制。通过复制把亲代遗传信息准确传递到子代。以 DNA 为模板合成 RNA 的过程,称为转录。DNA 中的遗传信息通过转录传递给 mRNA。以 mRNA 为模板合成蛋白质的过程,称为翻译。遗传信息经 DNA 复制、转录及翻译的这种传递规律,被称为遗传信息传递的中心法则(图 9-5)。后来还发现某些 RNA 病毒中的 RNA 也可自身复制,这对中心法则进行了补充和完善。

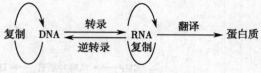

图 9-5 遗传信息传递的中心法则

### 一、DNA 的生物合成

DNA 的生物合成方式主要包括 DNA 复制和反转录。其中 DNA 复制是 DNA 生物合成的主要方式。

#### (一) DNA 复制

DNA 复制是指遗传物质的传递,以亲代 DNA 为模板,按碱基配对原则合成两个子代 DNA 的过程。

1. 复制方式 复制时,亲代 DNA 双链解开成两股单链,以每条单链为模板,按照碱基互补规律合成与其互补的子链。从而由一个亲代 DNA 复制出两个与亲代 DNA 完全相同的子代 DNA。在新合成的每一个子代 DNA 分子中,一条链来自亲代,另一条链是新合成的,这种复制方式称为半保留复制(图 9-6)。

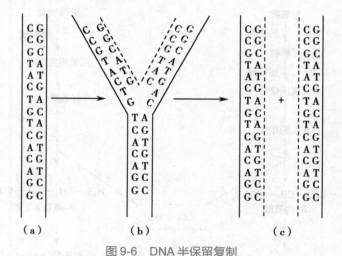

图 9-6 DNA 半保留复制

(a)母链 DNA;(b)复制过程打开的复制叉;(c)两个子代细胞的双链 DNA,实线链来自母链,虚线链是新合成的

2. 复制所需条件 ①模板:亲代 DNA 解开的两条 DNA 单链,均为复制的模板;②原料:四种脱氧核苷三磷酸,即 dATP、dGTP、dCTP 和 dTTP;③引物:由 RNA 引物酶催化合

成的小片段 RNA，其 3'-OH 末端为脱氧核苷三磷酸加入位点；④催化酶：主要包括解旋酶、引物酶、DNA 聚合酶和 DNA 连接酶，另外还有 DNA 拓扑异构酶、DNA 结合酶等。

解旋酶：利用 ATP 提供的能量，使 DNA 双链间的氢键断开形成两条单链作为模板链。

引物酶：一种 RNA 聚合酶。催化合成小分子 RNA 引物，为 DNA 合成提供加入位点。

DNA 聚合酶：催化四种 dNTP 按照模板链的指导聚合形成 DNA 链。

DNA 连接酶：催化相邻的 DNA 片段连接成完整的 DNA 链。

3. 复制基本过程

（1）起始阶段：DNA 复制起始阶段的主要任务是形成复制叉和引物。解旋酶和拓扑异构酶作用于亲代 DNA 复制的起始部位，使 DNA 解开一段双链形成叉形结构；单链 DNA 结合蛋白与解开的 DNA 单链结合并维持其稳定的单链状态。引物酶依据模板的碱基序列，从 5' → 3' 方向催化 NTP（不是 dNTP）的聚合，生成一小段 RNA 分子作为引物；DNA 聚合酶加入到引物的 3'- 末端，形成完整的复制叉结构，DNA 复制的起始阶段完成，进入延长阶段。

（2）延长阶段：DNA 复制延长阶段的主要任务是在模板链的指导下，按照碱基配对原则，在 DNA 聚合酶的催化下，dNTP 以 dNMP 的方式逐个加入到引物或延长中的子链上，并不断生成 3',5'- 磷酸二酯键，使子链不断延长。由于两条模板链的方向相反，而子链只能按 5' → 3' 方向合成，故在 DNA 复制时，只有合成方向与解链方向相同的子链才能连续合成，这条子链称为领头链；另一条合成方向与解链方向相反的子链，必须待模板链解开足够长度，才能再次生成引物及延长，所以其合成是不连续的，故将这条子链称为随从链。1968年，日本科学家冈崎首先观察到这种不连续复制现象，故将合成随从链时形成的不连续 DNA 片段，命名为冈崎片段。冈崎片段不断延长，当后一个冈崎片段延长至前一个冈崎片段的引物处时，引物脱落形成空缺，后一片段继续延长填补空缺，但不能与前一片段连接。随即进入 DNA 复制的终止阶段。

（3）终止阶段：DNA 复制终止的主要任务是 DNA 聚合酶切除引物并填补空缺，DNA 连接酶催化相邻的冈崎片段连接成完整的子链。当复制进行到一定程度，模板链上出现复制终止序列时，多种参与复制的终止蛋白质因子进入复制体系，使每条子链分别与其模板链形成双螺旋结构，成为两个与亲代 DNA 碱基组成完全相同的子代 DNA 分子，整个复制过程结束（图 9-7）。

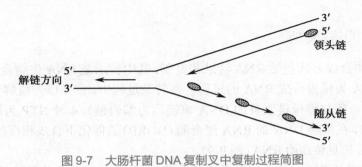

图 9-7 大肠杆菌 DNA 复制叉中复制过程简图

（二）反转录

自然界中，高等生物的遗传物质大多数是双链 DNA，但有些病毒的遗传物质却是 RNA，这些病毒通过反转录方式合成 DNA。反转录是指以 RNA 为模板，在反转录酶的催化下，合成DNA的过程，也称逆转录。

反转录病毒属于 RNA 病毒，含有反转录酶活性，大多数 RNA 病毒有致癌作用，因而称为 RNA 肿瘤病毒，如人类免疫缺陷病毒（HIV）、引起淋巴瘤及白血病的小鼠白血病病毒（MuLV）、禽流感病毒等，均属于 RNA 病毒。

当 RNA 病毒感染宿主细胞后，反转录病毒以病毒的 RNA 为模板，以 dNTP 为原料，从 5′→3′ 方向合成与 RNA 互补的 DNA 单链，合成的 DNA 单链称为互补 DNA（cDNA），cDNA 与 RNA 模板链通过碱基配对形成 RNA-DNA 杂化双链。在反转录酶作用下，杂化双链中的 RNA 被水解，再以 cDNA 为模板，合成另一条与其互补的 DNA，形成 DNA 双链分子（图 9-8）。新合成的 DNA 分子携带有 RNA 病毒基因组的遗传信息，在一定条件下，这些遗传信息可整合到宿主细胞的染色体 DNA 中，并随宿主细胞遗传信息的传递而表达，与肿瘤发生密切相关。

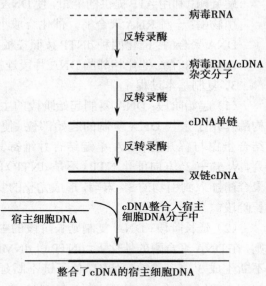

图 9-8 反转录酶催化的 cDNA 合成

 知识窗

## HIV 是反转录 RNA 病毒

HIV（human immunodeficiency virus）艾滋病病毒，是人体免疫缺陷病毒，也是一种反转录 RNA 病毒。1981 年，人类免疫缺陷病毒首次在美国发现。艾滋病病毒呈球形，基因组包含两条相同的 RNA，每条 RNA 含 9749 个核苷酸。HIV 主要侵犯 CD4 T 细胞、CD4 单核细胞和 B 淋巴细胞，使人体的免疫功能受到极大影响，最终导致获得性免疫缺陷综合征（艾滋病）。

## 二、RNA 的生物合成

RNA 的生物合成方式包括 RNA 转录和复制，其中转录是 RNA 生物合成的主要方式。转录是指以 DNA 为模板合成 RNA 的过程。在转录过程中，首先以一段解开的 DNA 单链作为模板链（另一条与模板链互补的 DNA 单链称为编码链），4 种 NTP 为原料，按照碱基互补配对的规律，在依赖 DNA 的 RNA 聚合酶（DDRP）的催化下合成相应的 RNA，从而将 DNA 携带的遗传信息传递给 RNA（图 9-9）。

经过转录生成的 RNA，绝大多数是不成熟的初级产物，没有生物学活性，称为 RNA 前体。RNA 前体必须经过一系列加工修饰过程，才能成为具有生物学活性的成熟的 RNA 分子。除原核生物的 mRNA 外，所有真核和原核生物转录的 RNA 都必须加工成熟才有活性。加工成熟过程在细胞核内进行。

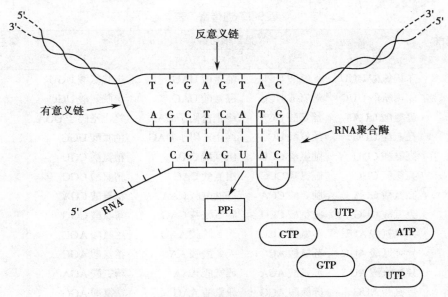

图 9-9　RNA 在 DNA 模板上的生物合成示意图

# 第三节　蛋白质的生物合成

蛋白质的生物合成过程也称翻译，是以 mRNA 为直接模板指导蛋白质合成的过程。本质是将 mRNA 分子中 4 种核苷酸序列编码的遗传信息，解读为蛋白质一级结构中 20 种氨基酸的排列顺序。

蛋白质的生物合成是一个由多种物质参与的复杂过程。包括基本原料 20 种氨基酸，3 种 RNA，各种催化酶和蛋白质因子，ATP、GTP 等供能物质以及某些必需的无机离子等。

## 一、三种 RNA 在蛋白质合成中的作用

### （一）mRNA

mRNA 是蛋白质生物合成的直接模板。它将从 DNA 转录过来的遗传信息传递给蛋白质，起到信使的作用。

在翻译过程中，按照 mRNA 分子 $5' \to 3'$ 的方向，每三个相邻的核苷酸组成一个三联体，每个三联体代表一种氨基酸或其他信息，此三联体称为遗传密码或密码子。生物体内共有 64 个密码子（表 9-1），其中 61 个分别代表组成人体蛋白质的 20 种氨基酸，其余 3 个密码子 UAA、UAG、UGA 不代表任何氨基酸，只作为肽链合成的终止信号，称为终止密码子。AUG 除了作为蛋氨酸的密码外，还作为多肽链合成的起始信号，称为起始密码子。

遗传密码有如下特点：

1. 密码的简并性　20 种编码氨基酸中，除蛋氨酸和色氨酸各有一个密码子外，其余氨基酸均具有 2～6 密码子，称为密码的简并性。同一种氨基酸的不同密码子称同义密码子或简并密码子。密码子的专一性主要由前 2 个碱基决定，第 3 个碱基则呈摆动现象。这是由于密码子的第 3 个碱基（3′ 端）与反密码子的第 1 个碱基（5′ 端）配对要求不十分严格，因此第 3 个碱基即使发生突变仍能正确翻译，这对维持生物物种的稳定性有一定意义。

表9-1 遗传密码表

| 第一核苷酸（5'端） | 第二核苷酸 | | | | 第三核苷酸（3'端） |
|---|---|---|---|---|---|
| | U | C | A | G | |
| U | 苯丙氨酸 UUU | 丝氨酸 UCU | 酪氨酸 UAU | 半胱氨酸 UGU | U |
| | 苯丙氨酸 UUC | 丝氨酸 UCC | 酪氨酸 UAC | 半胱氨酸 UGC | C |
| | 亮氨酸 UUA | 丝氨酸 UCA | 终止密码子 UAA | 终止密码子 UGA | A |
| | 亮氨酸 UUG | 丝氨酸 UCG | 终止密码子 UAG | 色氨酸 UGG | G |
| C | 亮氨酸 CUU | 脯氨酸 CCU | 组氨酸 CAU | 精氨酸 CGU | U |
| | 亮氨酸 CUC | 脯氨酸 CCC | 组氨酸 CAC | 精氨酸 CGC | C |
| | 亮氨酸 CUA | 脯氨酸 CCA | 谷氨酰胺 CAA | 精氨酸 CGA | A |
| | 亮氨酸 CUG | 脯氨酸 CCG | 谷氨酰胺 CAG | 精氨酸 CGG | G |
| A | 异亮氨酸 AUU | 苏氨酸 ACU | 天冬酰胺 AAU | 丝氨酸 AGU | U |
| | 异亮氨酸 AUC | 苏氨酸 ACC | 天冬酰胺 AAC | 丝氨酸 AGC | C |
| | 异亮氨酸 AUA | 苏氨酸 ACA | 赖氨酸 AAA | 精氨酸 AGA | A |
| | 蛋氨酸 AUG | 苏氨酸 ACG | 赖氨酸 AAG | 精氨酸 AGG | G |
| G | 缬氨酸 GUU | 丙氨酸 GCU | 天冬氨酸 GAU | 甘氨酸 GGU | U |
| | 缬氨酸 GUC | 丙氨酸 GCC | 天冬氨酸 GAC | 甘氨酸 GGC | C |
| | 缬氨酸 GUA | 丙氨酸 GCA | 谷氨酸 GAA | 甘氨酸 GGA | A |
| | 缬氨酸 GUG | 丙氨酸 GCG | 谷氨酸 GAG | 甘氨酸 GGG | G |

2. 密码阅读的连续性　相邻密码子之间没有任何特殊的符号隔开，翻译方向是从 mRNA 的 5' 端向 3' 端起始密码子开始，一个一个连续 不断地进行，直至终止密码子。如在 mRNA 分子插入或缺失一个碱基，就会引起阅读框架（被翻译的碱基顺序）移位，称移码。移码可引起突变。

3. 起始密码子和终止密码子　UAA、UAG 和 UGA 是 3 个终止密码子，它们不代表任何氨基酸，只标志翻译的终止，AUG 是蛋氨酸的密码子，但在 mRNA 分子翻译起始部位时，又是肽链合成的起始密码子。因此，代表氨基酸的密码子是 61 个。

4. 密码的通用性　一般说来，遗传密码子基本上通用于生物界所有物种，称为遗传密码的通用性，说明了生物的同源进化。但在某些动物细胞的线粒体及植物细胞的叶绿体中，遗传密码的通用性有些例外。

 知识窗

**遗传密码的发现**

20 世纪 50 年代，科学家们初步确定 mRNA 上每三种核苷酸可代表一种氨基酸的设想，即 $4^3$ 共 64 个密码子。1961 年，马歇尔·华伦·尼伦伯格等将一条只含有有尿嘧啶核苷酸的 RNA 成功"翻译"成一条只含有苯丙氨酸组成的多肽链，这是科学家所破解的第一个密码子，UUU 代表苯丙氨酸。此后，哈尔·戈宾特·科拉纳等科学家破解了其他密码子的含意。

遗传密码的发现和确立，是 20 个世纪 50 年代生物化学领域中一颗璀璨的明珠，1968 年，两位科学家因此被授予诺贝尔生理学或医学奖。

## （二）tRNA

tRNA 在蛋白质合成中具有双重功能，一是作为氨基酸的转运工具；二是识别 mRNA 分子上的密码子。这是由 tRNA 结构中的两个关键部位实现的：一个是 3′- 末端的氨基酸臂，该结构可与氨基酸结合，使其活化成氨基酰 -tRNA，每种氨基酸可与 2～6 种对应的 tRNA 特异性结合，但每一种 tRNA 只能特异地转运某一种氨基酸；另一个是反密码环上的反密码子可与 mRNA 上的密码子进行配对结合，使其所携带的氨基酸能按照 mRNA 的密码排列准确地"对号入座"，从而保证多肽链的正常合成。

## （三）rRNA

rRNA 与多种蛋白质共同构成的核糖体，是蛋白质生物合成的场所。核糖体由大小两个亚基组成。小亚基上有 mRNA 结合的部位，可容纳两个密码子；大亚基上有两个相邻的 tRNA 结合位点，一个与氨基酰 -tRNA 结合，称为氨基酰位（又称 A 位，或受位），另一个与肽酰 -tRNA 结合，称为肽酰位（又称 P 位，或给位）。转肽酶位于这两个位点之间，可催化肽键形成。此外，核糖体上还有许多位点可与蛋白质合成的启动因子、延长因子结合（图 9-10）。

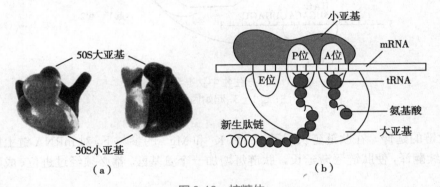

图 9-10　核糖体

a. 核糖体大亚基和小亚基间裂隙为 mRNA 和 tRNA 结合部位；b. 翻译过程中核糖体结合模式

## 二、蛋白质的生物合成过程

蛋白质的生物合成过程是从 mRNA 的起始密码子 AUG 开始，按 5′ → 3′ 方向逐一读码，直到出现终止密码子为止。合成中的肽链从蛋氨酸开始，从 N- 末端到 C- 末端延长，直至终止密码子前一位密码子所编码的氨基酸。整个合成过程包括氨基酸的活化与转运、肽链的合成及肽链合成后的加工修饰三个基本过程。

### （一）氨基酸的活化

氨基酸必须通过活化才能参与蛋白质的生物合成。氨基酸的活化是指氨基酸与特异 tRNA 结合形成氨基酰 -tRNA 的过程。此过程由氨基酰 -tRNA 合成酶催化，需 ATP 供能。活化的氨基酰 -tRNA- 可对号进入核糖体，参与多肽链合成。

$$氨基酸 + tRNA + ATP \xrightarrow{\text{氨基酰-tRNA合成酶}} 氨基酰-tRNA + AMP + PPi$$

### （二）肽链的合成——核糖体循环

在核糖体上按 mRNA 密码顺序，氨基酸缩合成肽链的过程称核糖体循环。此循环可分为起始、延伸、终止三个阶段。

1. 起始阶段　在三种起始因子、GTP 和 $Mg^{2+}$ 的参与下，模板 mRNA、蛋氨酰 -tRNA 分别与核糖体结合形成起始复合物。此时，蛋氨酰 -tRNA 处于大亚基的肽酰位，而对应于 mRNA 第二个密码位置的氨基酰位处于准备接受下一个氨基酰 -tRNA 的状态（图 9-11）。

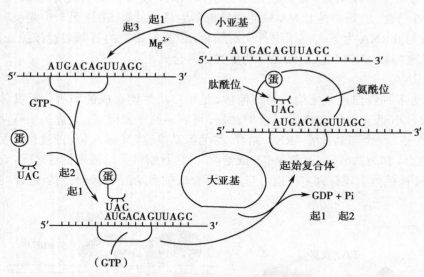

图 9-11　原核生物中肽链合成的起始
注：起 1～3：起始因子 1～3

2. 肽链的延伸　在肽链延长因子、GTP、$K^+$ 和 $Mg^{2+}$ 的参与下，对 mRNA 链上的遗传信息进行连续翻译，使肽链逐渐延长。肽链每增加一个氨基酸，都必须经过进位、成肽和转位三个步骤。

（1）进位：进位是指氨基酰 -tRNA 以其反密码子与对应于氨基酰位的 mRNA 密码子进行识别配对，从而进入氨基酰位的过程。此步骤需要延长因子及 GTP 参加。

（2）成肽：在转肽酶催化下，肽酰位上的肽酰基（或蛋氨酰基）转移至氨基酰位，与氨基酰位上的氨基酰形成肽键连接起来，肽酰位上脱去肽酰的 tRNA 脱离复合物。此步骤需要 $K^+$ 和 $Mg^{2+}$ 的参与。

（3）转位：在转位酶的催化下，核糖体沿 mRNA 分子 5′ → 3′ 方向移动一个密码子的距离，原处于氨基酰位的肽酰 -tRNA 移至肽酰位，氨基酰位空出，准备接受下一个氨基酰 -tRNA。此步骤需要延长因子、GTP 和 $Mg^{2+}$ 的参与。

上述三个步骤每重复一次，肽链就增加一个氨基酸。如此重复"进位→成肽→转位"的循环过程，核糖体依次沿 mRNA 模板 5′ → 3′ 方向阅读遗传密码，肽链的合成不断的从 N 末端向 C 末端延长，直到终止密码子出现在核糖体的氨基酰位为止（图 9-12）。

3. 终止阶段　当核糖体的氨基酰位上出现 mRNA 的终止密码子，并有终止因子进入与其结合时，多肽链合成停止，肽链从肽酰 -tRNA 中释出，tRNA 和延长因子从复合物中脱落，核糖体与 mRNA 分离，大、小亚基解聚，整个肽链的合成过程结束。

（三）多肽链合成后的加工修饰

许多新合成的多肽链无生物活性，需经加工修饰，才能成为具有一定生物活性的完整的蛋白质分子。

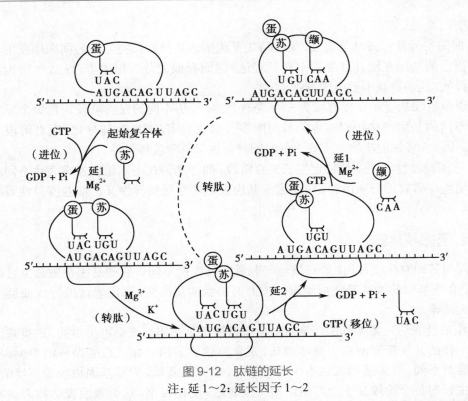

图 9-12 肽链的延长

注：延 1～2：延长因子 1～2

主要的加工修饰：①多肽链 N- 端的甲酰蛋氨酸可在肽链合成后或在肽链延长过程中，被脱甲酰基酶和对蛋氨酸特异的氨基肽酶作用下先后切除；②切除部分肽段使无活性的或有部分活性的蛋白质转变为完全有活性的形式，如胰岛素原切除一段肽链（C 肽，人 C 肽存 31 个氨基酸残基），使其形成 A 链（21 个氨基酸残基）、B 链（30 个氨基酸残基），才具活性；③氨基酸残基的修饰，如胶原蛋白中某些脯氨酸和赖氨酸经羟化生成羟脯氨酸和羟赖氨酸，才能进而成熟为胶原纤维；某些蛋白质还存在甲基化、磷酸化、糖基化以及酯化的氨基酸残基，都记在肽链合成后，经化学修饰而成的；④二硫键的形成，多肽链内部或多肽链间形成的二硫键，是多肽链中空间位置相近的半胱氨酸残基的巯基氧化形成的，二硫键的形成对维持蛋白质空间结构起着重要作用。

# 第四节 基因表达

## 一、基因表达的概念及特征

### （一）基因表达的概念

基因表达是指 DNA 结构基因中遗传信息通过基因激活、转录和翻译合成具有特定功能的蛋白质分子的整个过程，即基因信息由 DNA-RNA- 蛋白质的传递过程。基因表达的产物主要是蛋白质，通过基因表达，DNA 分子中储存的遗传信息转变为决定细胞或个体的表型和生物学性状。

### （二）基因表达的基本特征

基因表达具有很强的时间性和空间性，使机体能更好地适应内外环境的变化和生命过程的需要。

1. 时间特异性　按功能需要，某一特定基因的表达严格按特定的时间顺序发生。如编码甲胎蛋白的基因在胎儿肝细胞中活跃表达，因而合成大量的甲胎蛋白；成年后该基因表达水平很低，几乎检测不到甲胎蛋白。

多细胞生物从受精卵发育成为一个成熟个体，经历不同的发育阶段。在每个发育阶段都会有不同的基因严格按照特定的时间顺序开启或关闭，表现为与分化、发育阶段一致的时间性。因此，多细胞生物基因表达的时间特异性又称阶段特异性。

2. 空间特异性　在个体特定生长发育阶段，同一基因在不同组织器官表达不同。实际上是由细胞在器官的分布所决定的，因此基因表达的空间特异性又称细胞特异性或组织特异性。

## 二、基因表达的方式

不同的基因对生物体内、外环境信号刺激的反应性不同。有些基因在生命全过程中持续表达，有些基因的表达受环境影响。按照对刺激的反应性，基因表达的方式或调节类型存在很大差异。

1. 组成性表达　某些基因产物对生命全过程都是必需的或必不可少的，这类基因在一个生物个体的几乎所有细胞中持续表达，通常称管家基因。如三羧酸循环的酶编码基因。根据功能的不同，管家基因表达水平高低不同，但无论高低，管家基因极少受环境的影响，在个体生长的各个阶段几乎全部组织中持续表达，变化很小，这类基因表达称为基本或组成性表达。这类基因表达只受启动子与 RNA 聚合酶相互作用影响。

2. 诱导和阻遏表达　与管家基因不同，另有一些基因表达极易受环境变化影响。在特定环境信号刺激下，相应的基因被激活，基因表达产物增加，这种基因是可诱导的，这种基因表达方式称为诱导。该基因是可诱导基因。可诱导基因在特定的环境中表达增强的过程称为诱导。相反，如果基因对环境信号应答时被抑制，这种基因表达方式称为阻遏。该基因是可阻遏基因。可阻遏基因表达产物水平降低的过程称为阻遏。在一定机制控制下，功能相关的一组基因无论何种表达方式均需协调一致\共同表达，称协调表达。这种调节称协调调节。

## 三、原核生物基因表达的调控

基因表达调控是指细胞或生物体通过多种机制增加或降低特定的基因产物的过程。

原核生物的基因表达调控主要是操纵子学说。1961 年，Jacob 和 Monod 根据对大肠杆菌乳糖代谢调节的研究，提出了"操纵子"学说。所谓操纵子，就是原核生物基因表达调控的基本单位。它是由一组结构基因和位于其上游的启动基因（启动子）和操纵基因组成。启动基因是 RNA 聚合酶在转录起始时的结合部位，操纵基因是控制 RNA 聚合酶向结构基因移动的必经部位，相当于转录的"控制闸"，闸门打开，结构基因便被转录。

## 四、真核生物基因表达的调控

真核基因组分子巨大，结构复杂，调节也更复杂，但可简单描述为由顺式作用元件和反式作用因子调控的。顺式作用元件是指对基因转录有调控作用的 DNA 序列；反式作用因子是指能直接或间接与 DNA 调控元件结合而发挥作用的蛋白质因子。顺式作用因子包括启动子和增强子，反式作用因子主要是一些蛋白质因子。

# 第五节　基因组学与后基因组学

基因组就是一个细胞（或病毒）所载的全部遗传信息，它代表了一种生物所具有的全部遗传信息。对真核生物体而言，基因组是指一套完整单倍体 DNA（染色体 DNA）及线粒体 DNA 的全部核苷酸序列，既有编码序列，也有非编码序列。这些序列中蕴含的遗传信息决定了生物体的发生、发展及各种生命现象的产生。

基因组学是阐明整个基因组的结构、结构与功能关系以及基因之间相互作用的科学。

随着人类基因组工作草图的绘制完成和对基因功能研究的深入，人类对自身基因组的研究已加快进入了实质性、关键性的开发利用阶段。

## 一、人类基因组学的研究内容

### （一）人类基因组研究的内容

1987 年，美国开始筹建"人类基因组计划"实验室，科学家开始讨论如何才能更快、更多、更好地研究与人类的生老病死有关的所有基因——全部的人类基因组。从 1987 年提出"人类基因组计划"到 1990 年正式实施，研究的具体内容表现在 4 张图上：遗传图、物理图、序列图和转录图，主要内容是绘制人类基因组序列框架图。包括人类基因组作图及序列分析；基因的鉴定；基因组研究技术的建立、创新与改进；模式生物基因组的作图和测序；信息系统的建立，信息的储存、处理及相应的软件开发；与人类基因组相关的伦理学、法学和社会影响与结果的研究；研究人员的培训；技术转让及产业开发；研究计划的外延等方面，这些内容构成了 20 世纪到 21 世纪最大的系统工程。

### （二）人类基因组计划及进展

1999 年 12 月 1 日，人类首次成功地完成人体染色体基因完整序列的测定。2000 年 6 月 26 日六国科学家公布人类基因组工作框架图，成为人类基因组计划进展的一个重要里程碑。2001 年 2 月 12 日，人类基因组图谱及初步分析结果首次公布。2003 年 4 月 15 日，美国、英国、德国、日本、法国、中国 6 个国家共同宣布人类基因组序列图完成，人类基因组计划的所有目标提前 2 年全部实现。

 知识窗

**我国人类基因组（HGP）计划的启动与实施**

在国家科技部、863 计划、国家自然科学基金委员会的支持下，我国先后于 1993 年和 1996 年启动了"中国不同民族基因组中若干位点基因结构比较研究"和"重大疾病相关基因的定位、克隆、结构与功能研究"，并在北京和上海成立了一批国家重点实验室，取得的研究成果受到国际上的关注。1999 年 9 月，我国加入 HGP 计划，成为参与这一计划的唯一发展中国家，负责 1% 人类基因组即 3 号染色体上的 3000 万个碱基的测序工作，仅半年就基本完成了测序工作。

## 二、人类后基因组学的研究

从 1996 年起，随着人类基因组测序计划的完成和后基因组时代的到来，国际上基因组、转录组、蛋白质组、代谢组乃至表型组工作的相继开展,各种类型功能基因组数据的爆炸性增长,信息整合和数据挖掘的重要性显得尤为突出。有人将细胞的基因组、转录组和蛋白质组综合起来称为操纵子组来研究功能,正体现了这种认识。这就是通常所说的"后基因组学"。

### (一)生物信息学

生物信息学早期是生物学中的一个分支,随着人类基因组计划和后基因组计划的实施赋予该学科很大的生命力,是分子生物学与计算机科学的交叉科学。它对人们获得的巨量基因组信息进行收集、储存、整理,并对该信息进行分析处理、模拟等,以获得很多有意义的结论,进行基因的鉴定和功能研究等。所以,后基因组的大规模基因功能表达谱的获得依赖于生物信息学的理论、技术与数据库。

### (二)基因功能研究

人类后基因组计划的关键点是基因的功能研究,这也是对功能基因加以开发利用研究的基础。基因表达 mRNA 的水平反映了在一定环境、细胞类型、生长阶段和一定细胞状态下基因的功能信息。由于生物功能的主要体现者是蛋白质,因此不仅要从基因角度来研究,还应从蛋白质的层次上研究相关基因的结构和功能。

### (三)后基因组研究现状和策略

1990 年启动的人类基因组计划及其后相继开展的人类后基因组计划是一项人类科学史上最伟大的认识自身的跨世纪的科学工程。30 年来,该人类基因组工程在全球性的合作研究中已取得了巨大的成就,2000 年人类基因组序列和结构的工作草图已提前绘制完成;同时,基因功能研究和应用与开发等实质性研究也已取得了令人振奋的成果。这将对整个生命科学研究及人们的生活产生深刻的影响,相信在不久的将来,其成果在医药领域的开发与应用必将大大造福于人类健康。

(张文利　王春梅)

 思考题

1. 何为遗传信息传递的中心法则?
2. 什么是半保留复制? DNA 复制过程中为什么有领头链和随从链之分?
3. 简述蛋白质生物合成的主要过程。
4. 简述三种 RNA 在蛋白质合成中的作用。

# 第十章　细胞增殖、分化与凋亡的分子基础 *

**学习目标**

1. 掌握细胞周期、分化、凋亡、癌基因和抑癌基因的概念。
2. 熟悉细胞周期、分化和凋亡的过程，生长因子、癌基因和抑癌基因功能。
3. 了解细胞周期、分化和凋亡的调控过程，常见的生长因子、癌基因和抑癌基因。

在生物个体的生长发育过程中，构成机体的细胞经历生长、增殖分化、死亡的生命过程，从而维持组织更新及机体正常的生理功能。常见的细胞死亡方式有坏死和细胞凋亡。

## 第一节　细胞增殖与分化

单细胞的原核生物是通过细胞分裂增殖方式繁殖后代，多细胞的真核生物是通过细胞分裂增殖、生长发育繁衍后代。细胞增殖是生命现象的一个重要特征，与生物个体的生长发育、组织再生、创伤修复和病理过程等紧密相关。

### 一、细胞周期与细胞增殖

#### （一）细胞周期

细胞周期是指细胞一次分裂结束开始，到下一次分裂完成所经历的整个过程，主要包括分裂期（mitosis，M 期）和分裂间期（interphase）。分裂间期依序分为 DNA 合成前期（Gap1，G1 期）、DNA 合成期（DNA synthesis，S 期）和 DNA 合成后期（Gap2，G2 期）。细胞分裂期的开始，标志着 G2 期的结束（图 10-1）。

#### （二）细胞增殖

细胞增殖是通过细胞周期来实现的。多细胞生物体中的细胞处于 G1 期的时间依细胞的类型而异。

根据 DNA 合成和分裂能力把细胞分为三类：第一类增殖细胞，保持分裂能力，及时由 G1 期进入 S 期，连续进入细胞周期，持续分裂增殖，如骨髓造血干细胞、神经干细胞等；第二类则终末分化细胞，失去分裂能力，终身处于 G1 期直至衰老死亡，如成熟的红细胞、神经细胞等；第三类暂不增殖细胞或称为 G0 期细胞，停滞于 G1 期，既不分裂，也不进行 DNA 合成，如肝细胞、肾小管上皮细胞等，适当刺激下，可重新进入细胞周期分裂增殖。

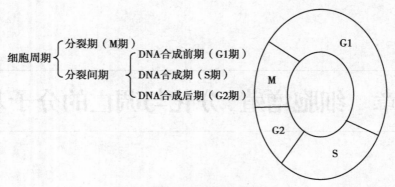

图 10-1    细胞周期示意图

## 二、细胞分化与分化细胞的特征

### （一）细胞分化

对于多细胞生物而言，组成生物个体的所有细胞都是从一个受精卵分裂而来，而组成生物个体的各种组织、器官的细胞，无论其形态结构、还是生理功能都存在着明显的差异。

在生物个体的生长发育过程中，未特化的细胞通过特定基因的有序表达，逐步形成具有特定的形态、结构和生理功能的特定细胞类型，称为细胞分化（cell differentiation）。细胞分化不仅发生在胚胎发育阶段，而且在成体组织中也一直进行。

细胞分化的分子生物学基础是基因的差异性表达。差异性表达主要体现在不同细胞内一系列基因在时间和空间上特异的顺序表达。这些基因可分为两大类：一类是管家基因（house-keeping gene），其表达是维持细胞生存所必需，在各种细胞中都处于开放状态，如编码糖酵解相关酶类的基因；另一类是组织专一基因（tissue-specific gene），其表达与细胞生理功能相关，在各种细胞内选择性表达，如血红蛋白基因只在红细胞中表达。

### （二）分化细胞的特征

1．分化细胞的表形呈稳定性差异    细胞分化完成后，一般不可逆转，各种组织器官是由具有特定形态和功能的细胞群所组成。

2．分化细胞的生理状态随分化程度而变    细胞的分化程度越高，分裂能力越低，终末分化细胞不再分裂，如成熟的红细胞、神经细胞等。细胞的分化程度越高，对外界环境因素的反应能力越低，如分化程度高的神经细胞对电离辐射的敏感性很低。

3．分化细胞的细胞核仍具有全能性    分化细胞的细胞核含有该生物体的全部遗传物质，仍具有分化出各种组织细胞的潜能，如克隆羊多莉（Dolly）的诞生。

4．分化细胞的去分化与转分化    分化细胞的表型一般不可逆转，但在某些因素刺激下，分化细胞的特殊基因被激活，使成熟的细胞重新回到干细胞状态，称为细胞的去分化（dedifferentiation）。某些分化细胞或前体细胞在一定条件下，分化成另一种细胞的现象，称为细胞的转分化（transdifferentiation）。

# 第二节  细  胞  凋  亡

细胞凋亡（apoptosis）是细胞死亡的主要方式，也是生命的基本现象。过度凋亡导致退行性疾病、免疫缺陷病等，凋亡不足导致肿瘤、自身免疫性疾病等。

## 一、细胞凋亡

### （一）细胞凋亡的概念

细胞凋亡是生物体内细胞在特定的内、外因素诱导下，在有关基因的调控下，发生的自主、有序的死亡过程。各种组织的数量需要维持在相对恒定的状态，这有赖于细胞有规律的增殖、分化和凋亡。

细胞分裂使细胞数量增加，补偿因无功能或衰老死亡的细胞；细胞凋亡可以清除体内受损、威胁机体生命的细胞和多余的细胞，是器官发育和功能发挥所必不可少的正常过程。

细胞程序性死亡（programmed cell death，PCD）最早在发育生物学中提出，主要用于描述生物在个体发育过程中的某些组织器官的细胞自然性死亡现象，如蝌蚪尾巴的消失、人类胚胎时指蹼的消失等，其发生机制是细胞内某些基因在适当的时间和空间被激活、进而诱导特定细胞发生生理性死亡。严格意义上讲，细胞凋亡与细胞程序性死亡是有区别的：细胞程序性死亡是功能上的概念，强调细胞死亡的分子生物学和生理功能；细胞凋亡则是形态学概念，强调凋亡小体形成和形态学变化过程，可以是病理性的。一般情况下两者可通用。

### （二）细胞凋亡的主要途径

细胞凋亡主要通过两条途径进行：一是细胞内途径，又称线粒体凋亡途径，由各种原因引发线粒体释放凋亡蛋白（如细胞色素 C、凋亡诱导因子等）来调控凋亡过程；另一条是细胞外途径，又称死亡受体凋亡途径，是由细胞外信号分子与死亡受体结合，将凋亡信号传递到细胞内，导致细胞凋亡。

除上述途径外，还有细胞核、颗粒酶和内质网等相关途径。

### （三）细胞凋亡的生理意义

1. 维持组织内细胞数量的恒定　通过清除衰老的细胞并代之以新生的细胞，使组织器官的细胞类型和数量保持稳定，维持器官正常的形态和功能，例如皮肤和黏膜的更新。

2. 参与发育和分化　在胚胎发育过程中，许多种类的组织细胞随其功能完成而凋亡；在成熟组织中，细胞凋亡也很惊人，如成人的骨髓和肠，每小时约有 10 亿个细胞凋亡。

3. 维持免疫功能　免疫细胞通过诱发自身细胞凋亡，防止过高的免疫反应；也可以通过诱发靶细胞凋亡，杀伤靶细胞，如癌细胞。

4. 清除受损伤细胞　细胞损伤严重，无法修复时，启动凋亡程序清除受损细胞。

5. 与衰老密切相关　随着年龄增长，许多类型细胞失去凋亡能力，使其不得更新，导致器官功能下降和衰老。

## 二、细胞凋亡与细胞坏死的区别

细胞坏死（necrosis）是极端的物理、化学因素或严重的病理性刺激引起的细胞损伤和死亡，是非正常死亡。细胞坏死过去认为属于病理性过程，而目前研究表明，当细胞凋亡不能正常发生而细胞必须死亡时，坏死作为凋亡的"替补"方式被采用（表 10-1）。

表 10-1　细胞凋亡与细胞坏死的主要区别

| 诱发因素 | | 细胞凋亡 | 细胞坏死 |
|---|---|---|---|
| | | 生理或病理、药物等 | 病理原因如严重缺氧、毒素等 |
| 形态特征 | 细胞体积 | 缩小、细胞固缩 | 增大、细胞肿胀 |
| | 细胞核 | 核膜完整，核皱缩、后裂成碎片 | 核浓缩、碎裂、溶解 |
| | 细胞质 | 浓缩，细胞器多完整，线粒体肿胀 | 肿胀、细胞器多受损 |
| | 细胞膜 | 完整 | 破裂、内容物外溢 |
| 生化特征 | DNA | 在核小体处断裂，电泳呈梯状条带 | 随机断裂，电泳呈弥散状条带 |
| | 蛋白质 | 特异性的凋亡蛋白和酶活化 | 非特异性降解 |
| | ATP | 正常生成，为凋亡提供能量 | 耗竭，能量代谢停止 |
| | 基因调节 | 主动进行 | 被动进行 |
| | 合成代谢 | 有新 RNA 及蛋白质合成 | 合成代谢终止 |
| 组织分布 | | 单个细胞 | 成片细胞 |
| 组织反应 | | 无炎症反应 | 有炎症反应 |

# 第三节　生 长 因 子

生长因子（growth factor，GF）是具有刺激细胞生长活性的细胞因子，细胞的生长需要多种生长因子顺序的协调作用（表 10-2）。

## 一、生长因子

### （一）生长因子的特点

生长因子是能够促进细胞增殖的一类多肽类物质，种类极多，在体液中浓度很低，但对细胞的增殖、分化及其他细胞功能有明显的生物学效应。

生长因子的特点：①活细胞产生的非营养性的微量活性物质；②易受各种理化因素影响而变性的多肽；③通过靶细胞上特异性受体介导生物学作用；④有细胞生长促进因子和细胞生长抑制因子两类。

### （二）生长因子的作用模式

根据合成生长因子的细胞与靶细胞关系，可以将生长因子作用模式分为：①内分泌（endocrine），细胞分泌的生长因子通过血液循环，作用于远距离靶细胞；②旁分泌（paracrine），细胞分泌的生长因子近距离作用于临近的其他类型细胞；③自分泌（autocrine），细胞分泌的生长因子作用于合成和分泌该生长因子的细胞本身；④胞内分泌（intracrine），生长因子不分泌到细胞外，直接作用胞内特异性受体。

表 10-2　常见的生长因子及其功能

| 名称 | 主要来源 | 主要生物学效应 |
|---|---|---|
| 表皮生长因子（EGF） | 颌下腺、血小板 | 促进表皮细胞、上皮细胞及间质的生长 |
| 酸性成纤维细胞生长因子（aFGF） | 脑、视网膜、骨基质 | 促进中胚层、神经外胚层细胞分裂，诱导血管形成 |

续表

| 名称 | 主要来源 | 主要生物学效应 |
| --- | --- | --- |
| 碱性成纤维细胞生长因子（bFGF） | 垂体、胎盘、神经组 | 促进中胚层、神经外胚层细胞分裂，诱导血管形成 |
| 血小板源生长因子（PDGF） | 血小板、神经元 | 促进间质细胞、胶质细胞和成纤维细胞等多种细胞的生长 |
| 转化生长因子 α（TGF-α） | 肿瘤、垂体、脑 | 促进成纤维细胞分裂，诱导上皮细胞形成 |
| 转化生长因子 β（TGF-β） | 血小板、胎盘、肾 | 抑制多种细胞生长，抑制 B、T 细胞增殖，对某些细胞呈促进和抑制双向作用 |
| 胰岛素样生长因子 I（IGF-I） | 多种组织 | 促进软骨细胞分裂和基质形成，胰岛素样作用，介导生长激素效应 |
| 胰岛素样生长因子 II（IGF-II） | 多种组织 | 促进软骨细胞分裂和基质形成，在胚胎发育和中枢神经系统发挥作用 |
| 神经生长因子（NGF） | 颌下腺、神经元 | 参与交感神经和某些感觉神经元发育，刺激 B 细胞生长 |
| 红细胞生成素（EPO） | 肾、肝 | 促进红细胞发育和生成 |
| 肿瘤坏死因子 α（TNF-α） | 中性粒细胞、淋巴细胞 | 介导其他生长因子、转录因子、炎症因子、受体、急性反应期蛋白等的表达 |
| 肿瘤坏死因子 β（TNF-β） | 淋巴细胞 | 刺激免疫反应和炎症反应，抗感染、抗肿瘤等 |
| 干扰素（IFN） | 淋巴细胞 | 抗病毒，调节免疫应答 |

## 二、生长因子的作用特点

生长因子的作用特点为多功能性和协同性。

生长因子的多功能性主要体现在三个方面：①一种生长因子作用于多种靶细胞；②一种细胞可接受多种生长因子作用，产生多种效应；③生长因子对不同环境或不同发育阶段的相同细胞作用时，可产生不同的生物学效应甚至相反的效应。

细胞的生理或病理反应需多种生长因子参与，两种或两种以上的生长因子相互作用产生叠加效应或附加反应，称为生长因子的协同效应。

# 第四节 癌基因与抑癌基因

肿瘤是细胞生长、增殖、分化和凋亡等过程发生紊乱所导致的无节制的恶性细胞增殖性病症。与肿瘤发生有关的基因主要有两类：一类是癌基因（oncogene，onc），促进细胞的生长和增殖；另一类是抑癌基因（tumor suppressor gene or anti-oncogene），抑制细胞增殖，促进细胞分化，促进细胞凋亡。

## 一、癌基因

癌基因根据来源分为两类：一类是病毒癌基因（virus oncogene，v-onc），存在于反转录病毒；另一类是原癌基因（proto-oncogene），存在于正常细胞。原癌基因控制细胞生长、增殖,在其基因突变或异常表达时,导致细胞持续增殖甚至恶性增殖。

### (一)病毒癌基因

病毒癌基因是一类存在于病毒(主要是反转录病毒)基因组,可使敏感宿主产生肿瘤、体外诱导和(或)维持培养细胞恶性转化,这些基因多与正常细胞内调控细胞生长增殖的基因同源。反转录病毒是一种 RNA 病毒,含有编码依赖 RNA 的 DNA 聚合酶(反转录酶)基因。很多反转录病毒可导致宿主细胞转化成肿瘤,根据其致病性将反转录病毒分为非急性(慢性)和急性转化性反转录病毒。

1. 非急性转化性反转录病毒 该类病毒进入宿主细胞后,先以自身基因为模板合成反转录酶,并由此酶催化生成双链病毒 DNA,整合到宿主基因中。这种整合到宿主细胞 DNA 中的病毒 DNA 被称为前病毒(provirus)。前病毒可随宿主细胞分裂传代,也能转录、表达,组装成新的病毒,再有感染其他宿主细胞。非急性转化性反转录病毒可在人体中长期潜伏(5~10 年)才引起疾病。

2. 急性转化性反转录病毒 整合于宿主细胞 DNA 的前病毒通过重排或重组,捕获了宿主 DNA 中的特定序列,使原来的野生型病毒变成携带恶性转化基因的病毒基因。病毒从宿主细胞 DNA 中获得特定细胞的 DNA 序列且融入于病毒基因,并具有恶性转化特点的病毒基因称为病毒癌基因。这类病毒可在短期内引起宿主发生实体瘤或白血病,故称为急性反转录病毒。

1911 年 Francis Peyton Rous 发现鸡肉瘤病毒注入健康鸡体内可诱发白血病,首先将病毒与肿瘤联系起来。后来发现病毒可在脊椎动物的种系间垂直或横向传递,并在某些种系中引起肿瘤,建立了经典的病毒致癌学说。Rous 因此荣获 1966 年度诺贝尔生理学或医学奖。原癌基因与病毒癌基因有很高同源性,所以人们认为病毒癌基因最初是在感染人细胞后从人细胞中"偷"去的,人原癌基因 mRNA 被病毒"偷"去后,经过某些修饰和改造成为病毒基因组的一部分并具有了致癌性。

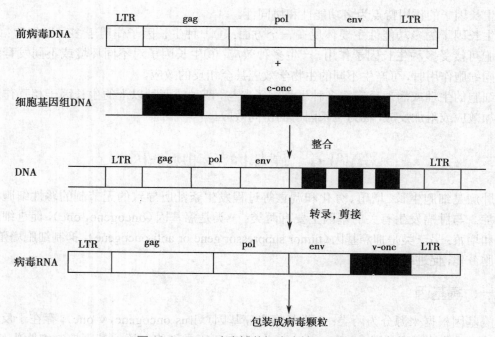

图 10-2 RNA 病毒捕获细胞癌基因示意图

## （二）原癌基因

原癌基因实质上是一类编码关键性调控蛋白的正常细胞基因，在正常细胞中以非激活形式存在，不会自动诱发癌症。从酵母到哺乳动物细胞中，原癌基因的主要序列在进化上高度保守，在正常细胞的生长、生存、发育、分化等过程中具有重要的生理功能。

1. 原癌基因的特点　根据现有的研究成果，原癌基因的特点概括如下：

（1）广泛存在于从酵母到人的细胞中。

（2）在进化过程中，原癌基因高度保守。

（3）功能或作用是通过原癌基因表达产物实现的。原癌基因表达产物在维持正常生理功能、调控细胞生长与分化等方面起重要作用，也在细胞发育、组织再生和创伤愈合等过程中起重要作用。

（4）在某些因素作用下被激活，发生数量和结构的变化时，导致正常细胞癌性化。

2. 原癌基因的分类　根据原癌基因的结构特点可分为多个基因家族

（1）*sis* 基因家族：*sis* 基因编码生长因子样活性物质，其中部分氨基酸残基与血小板源生长因子（PDGF）的 B 链同源。PDGF 在凝血时从血小板中释出，促进平滑肌细胞、成纤维细胞和肉皮细胞的生长增殖。

（2）酪氨酸激酶类基因家族：酪氨酸激酶类基因家族包括 *src*、*fos*、*fps*、*fgr*、*yes*、*erb* 等，其表达产物均有酪氨酸蛋白激酶（PTK）活性，定位于细胞膜内或跨膜分布。其中 *erbA* 基因表达甲状腺素或类固醇激素受体，*erbB* 基因表达表皮生长因子受体。

（3）*ras* 基因家族：*ras* 基因家族结构相似，包括 *H-ras*、*K-ras*、和 *N-ras* 三个家族成员，其表达产物为 P21。P21 是位于细胞膜内的小 G 蛋白，与 GTP 结合，具有 GTP 酶活性，参与细胞信息传递。

（4）*myc* 基因家族及其他核内基因：常见编码核内蛋白的原癌基因有 *myc*、*fos*、*jun*、*myb*、*ets* 等。*myc* 基因表达产物存在于所有真核细胞，在胚胎、再生肝和肿瘤中高表达，是一种调节细胞增殖的调控蛋白。

3. 原癌基因的功能　原癌基因的表达产物都是细胞信号转导途径和调节基因转录的关键分子，参与调控细胞生长、增殖、发育、分化和凋亡等过程。

（1）原癌基因与细胞生长的调节：原癌基因的表达产物包括：①生长因子；②生长因子受体；③胞内信号转导蛋白，如蛋白激酶、GTP 结合蛋白等；④核内因子，如核受体、转录因子等。原癌基因的突变产物替代正常信号分子，表现出恶性转化特征，干扰和破坏了生长因子的正常信号通路，使细胞的生长、增殖、分化从精细调控状态变为恶性失控状态。

（2）原癌基因与细胞分化的调节：无论在胚胎组织还是成年组织中，原癌基因的表达呈现严格的组织细胞类型和时相特异性，在细胞分化过程发挥"正性"和"负性"调控作用，表明原癌基因与细胞分化有密切关系。如 *src* 基因表达在鸡神经视网膜和小脑中，随着神经细胞分化的开始与增殖的终止，持续表达并到终末分化。

在生物体内，细胞的增殖和分化紧密相关，相互制约，某些原癌基因既参与细胞增殖，也参与细胞分化。

4. 原癌基因的激活机制　原癌基因是细胞基因组的正常成分，只有在一些刺激因素（如理化致癌因素、病毒感染等）作用下，被异常激活，才会具有致癌性。

（1）调节序列（如启动子、增强子等）插入：当含有启动子、增强子的调控序列插入原癌基因附近，会引起下游基因的异常表达。如当调节序列插入 8 号染色体 *c-myc* 附近，导致

*c-myc* 大量表达，引起 B 淋巴细胞瘤。

（2）基因突变：各种理化因素（如化学致癌剂、射线等）使 DNA 发生不同类型的基因突变，如果突变发生在调节细胞生长、增殖的癌基因中，其基因表达随之发生变化，从而破坏细胞的正常生长和增殖，甚至癌变。如膀胱癌细胞株中 *c-rasH* 癌基因的第 35 位核苷酸的 G 突变成 T，造成 *c-rasH* 的大量表达。

（3）基因重排：基因重排是指将一个基因从远离启动子的地方移到距启动子附近从而启动转录，或称为基因易位。人 Burkitt 淋巴细胞瘤是由于 8 号染色体 q24 的 *c-myc* 癌基因转移到 14 号染色体 q32（免疫球蛋白重链基因）。

（4）基因扩增：编码某些蛋白质的基因的拷贝数选择性增加，而其他基因并未按比例增加，如果这些基因属于癌基因，多拷贝必然编码过量的癌蛋白，使细胞功能紊乱。如结肠癌、神经母细胞瘤、小细胞肺癌等均发现 *myc* 癌基因的扩增。

 **知识窗**

### 端粒和端粒酶

染色体是真核生物遗传物质的载体，维持其稳定性，即 DNA 稳定性对于高等生物至关重要，染色体末端的端粒是其"防护屏障"。端粒由端粒蛋白和端粒 DNA 组成。

在 DNA 复制过程中，负责复制的酶不能复制 DNA 分子的尾部，这样就在端粒区域产生一段单链区域，导致部分端粒 DNA 的丢失；细胞每经过一次复制，丢失 50～100 个碱基，端粒便会慢慢地缩短。当端粒缩短至一定程度（5～7kb）不能再缩短时，细胞无法继续分裂，并在形态和功能上都表现出衰老。绝大多数细胞由于染色体无法维持稳定而走向死亡。正如 E.Blackburn 所说："染色体携有遗传信息。端粒是细胞内染色体末端的'保护帽'，它能够保护染色体，而端粒酶在端粒受损时能够恢复其长度。伴随着人的成长，端粒逐渐受到'磨损'。于是我们会问，这是否很重要？而我们逐渐发现，这对人类而言确实很重要。"

端粒蛋白中有端粒酶（telomerase）。端粒酶是以端粒 RNA 为模板，合成端粒 DNA，实现了 DNA 长度的延伸，恢复到原来的长度，可以使细胞"长生不老"。然而当细胞不会死亡时，就成了肿瘤细胞。若给端粒酶贴个标签，可以写成"一半是魔鬼，一半是天使"。

E.Blackburn，C.Greider，J.Szostak 因发现了端粒和端粒酶保护染色体，"解决了生物学上的一个重大问题"，即在细胞分裂时染色体如何进行完整复制，如何免于退化的机制，被授予 2009 年诺贝尔生理学或医学奖。

## 二、抑癌基因

抑癌基因是一类能够抑制细胞生长并有潜在抑制细胞恶性转化作用的基因。当它失活或缺失时，细胞过度增殖，导致肿瘤形成。

### （一）常见的抑癌基因

1. *P53* 基因  *P53* 基因定位于人 17p13.1，编码产物为 393 个氨基酸残基的蛋白质，分子量为 53kD，故称 *P53*。*P53* 基因是与人类肿瘤发生相关性最高的基因。

*P53* 主要集中于核仁区，能与 DNA 特异结合，活性受磷酸化调控。在 G1 期去磷酸化，呈活性状态，检查 DNA 损伤点，监视细胞基因组的完整性；在 S 期磷酸化，抑制细胞分裂的

活性消失。如果 DNA 受损,去磷酸化的 $P53$ 阻止 DNA 复制,保证 DNA 修复;修复失败,$P53$ 则启动细胞凋亡,防止因基因损伤诱发癌变的细胞产生。

2.$rb$ 基因 $rb$ 基因为视网膜母细胞瘤易感基因,定位于人 13q14,表达产物为 928 个氨基酸残基的蛋白质,分子量为 105kD,称 P105RB 或 RB。$rb$ 基因是第一个被克隆和完成序列测定的抑癌基因。

正常细胞中 RB 蛋白含量基本稳定,其活性形式为去磷酸化 RB。在分裂期结束至 G1 期的 RB 为去磷酸化形式,结合并抑制转录因子的活性,阻断 G1 和(或)S 转换和 DNA 合成,抑制细胞增殖。当细胞周期启动后,RB 被 cyclin-CDK 复合物高度磷酸化,转录因子释出,DNA 开始合成,持续到有丝分裂结束。

正常情况下,机体携带两个拷贝有功能的 $rb$ 基因,即两个 $rb$ 等位基因,一个等位基因发生突变不会发生肿瘤,两个等位基因同时发生突变才能产生肿瘤,这种情况非常少见。

**(二)抑癌基因的功能**

抑癌基因普遍具有的功能有①诱导细胞终末分化;②触发衰老,诱导细胞凋亡;③维持基因稳定;④调节细胞生长(负性信号转导);⑤增强 DNA 甲基化酶活性;⑥调节组织相容性抗原;⑦调节血管形成;⑧促进细胞间联系。

**(三)抑癌基因失活与肿瘤发生的关系**

细胞正常增殖的调控信号有正、负两类:正信号(如原癌基因)促进细胞进入细胞周期,促进增殖,阻止分化;负信号(如抑癌基因)抑制细胞进入细胞分裂周期,促进细胞分化,乃至终末分化。这两类信号相互协调,调控细胞正常增殖、生长、发育和分化,如果发生异常,癌基因激活或过度表达和(或)抑癌基因丢失或失活,都会导致细胞持续增殖,发生肿瘤。

**(四)肿瘤标志物**

肿瘤标志物(tumor marker)是指肿瘤细胞产生、并与肿瘤性质相关的一类分子的统称(表 10-3)。有价值的肿瘤标志物应具备的特点:①标志物的变化与肿瘤生长、转移等有直接的定性和定量的关系;②具有与正常细胞相区别的特异性;③检测方法简便易行。

表 10-3 常见的肿瘤标志物

| 分类 | 标志物 | 性质 | 相关肿瘤 |
|---|---|---|---|
| 胚胎性抗原标志物 | 甲胎蛋白(AFP) | 糖蛋白 | 肝癌 |
| | 癌胎抗原(CEA) | 糖蛋白 | 大肠癌、乳腺癌和肺癌 |
| 糖类抗原标志物 | CA125 | 糖蛋白 | 卵巢癌、输卵管腺癌和子宫内膜癌 |
| | CA19-9 | 糖蛋白 | 胰腺癌、结肠癌和直肠癌 |
| 酶类标志物 | 醛缩酶 | 酶 | 肝肿瘤 |
| | 碱性磷酸酶(ALP) | 酶 | 骨恶性肿瘤、恶性肿瘤骨转移 |
| | 谷胱甘肽转移酶(GST) | 酶 | 肝、胃、结肠肿瘤 |
| | 乳酸脱氢酸酶(LDH) | 酶 | 肝肿瘤、白血病 |
| 激素类 | 人绒毛促性腺激素(HCG) | 多肽 | 滋养细胞肿瘤、睾丸肿瘤 |
| 蛋白质类 | 本周蛋白(BJP) | 多肽 | 多发性骨髓瘤 |
| | $\beta_2$-微球蛋白($\beta_2$-MG) | 多肽 | 造血系统恶性肿瘤 |

(艾旭光)

**思考题**

1. 细胞周期与细胞分化的关系如何?
2. 细胞凋亡与坏死的区别是什么?
3. 激素与生长因子的异同点有哪些?
4. 癌基因与抑癌基因的作用是什么?

# 第十一章 现代分子生物学及其技术 *

学习目标

1. 熟悉聚合酶链式反应、分子杂交、基因工程、DNA 测序技术的概念和意义。
2. 了解印迹技术、转基因技术与核移植技术的概念、基因诊断和基因治疗的临床意义。

分子生物学是一门发展最为迅速的年轻学科，也是一门非常注重实验操作的学科，几乎每一次重大理论的发展与突破都离不开新技术、新方法的支撑。分子生物学技术的种类繁多，但按照复杂程度分为基本技术和延伸拓展类技术两大类。分子生物学技术作为生物医学应用研究的工具，对于临床疾病的诊断和治疗做出了重大突破。因此熟悉和了解一些现代分子生物学技术的基本原理及其应用，有利于加强生物化学知识学习，有利于在分子水平上加深理解疾病的发生发展规律，有利于更加深刻认识基于分子生物学的诊断和治疗。

## 第一节 分子生物学基本技术

分子生物学理论体系的发展离不开其技术，其中的基本技术奠定了分子生物学的基础。分子生物学基本技术主要包括核酸的分离纯化、PCR 技术、分子杂交与印迹技术、各种分子酶学操作等。本节简要介绍聚合酶链反应技术、分子杂交与印迹技术。

### 一、聚合酶链反应技术

聚合酶链反应（polymerase chain reaction，PCR）技术是 20 世纪 80 年代发展起来的一种在体外对特定 DNA 片段进行高效扩增的技术，通过这个反应，可以将特定的微量靶 DNA 片段扩增至十万甚至百万倍。PCR 技术以其敏感性强、特异性高、重复性好及快速简便等优点，成为生物医学领域中的一项革命性技术创举和里程碑。

（一）PCR 技术的工作原理

1. PCR 的基本工作原理 PCR 的基本工作原理类似 DNA 的体内复制过程，是以拟扩增的 DNA 分子为模板、以一对分别与模板 5′ 末端和 3′ 末端相互补的寡核苷酸片段为引物、以四种 dNTP 为原料、在 DNA 聚合酶的作用下，按照半保留复制的原理沿着模板链延伸直到新 DNA 链合成的完成，反复重复这一过程，可使目的 DNA 片段得到扩增。

2. PCR 反应体系　主要包括模板 DNA、特异性引物、耐热的 DNA 聚合酶、dNTP 以及 $Mg^{2+}$ 的缓冲液。

（二）PCR 的基本反应步骤

1. 变性　反应体系加热至 95℃、保持 90 秒，使模板 DNA 完全变性为单链。

2. 退火　反应体系温度降至适当的温度 55℃、保持 120 秒，使引物与模板 DNA 退火结合。

3. 延伸　将温度升至 72℃、保持 180 秒，DNA 聚合酶以 dNTP 为底物催化 DNA 的合成反应。

4. 循环　上述三个步骤称为一个循环，新合成的 DNA 分子作为下一轮合成的模板所以目的 DNA 得以在两引物间按指数增加，经多次循环（25～40 次）后可以达到扩增 DNA 片段的目的（图 11-1）。

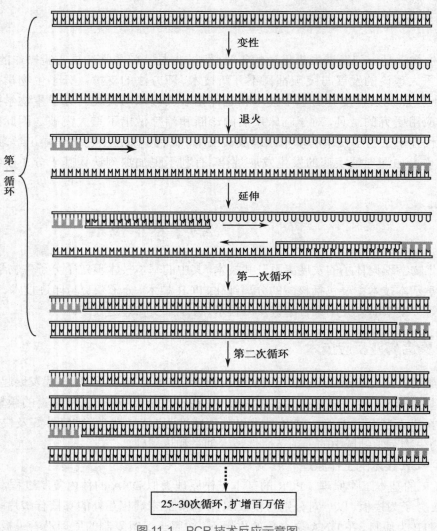

图 11-1　PCR 技术反应示意图

（三）PCR 技术的主要用途

PCR 反应理论的提出和技术的完善对于分子生物学和生物化学的发展具有不可估量的作用，可以说，PCR 技术是一项应用最为广泛、最具生命力的分子生物学技术。

1. PCR 技术在生物医学研究中的应用

（1）目的基因的获得：这是对基因进行深入研究的重要步骤，利用 PCR 技术对基因组 DNA 中的特定片段选择性扩增，然后分离纯化。通过 PCR 技术获得目的基因片段后，可进行各种操作，如基因克隆、各种检测等。

（2）核酸的定量分析：DNA 和 RNA 的定量分析，包括人类以及各种生物的基因组中的基因的拷贝数、基因的 mRNA 表达水平分析等。

2. PCR 技术在体外诊断方面的应用　已被广泛应用于临床诊断、法医刑侦、检验检疫等领域。

（1）临床诊断：PCR 技术不仅用于单基因遗传病的检测，还可应用于肿瘤等多基因疾病的检测，同时也应用于感染性疾病病原体的检测。

（2）法医刑侦：通过 PCR 技术对犯罪嫌疑人遗留的痕量精斑、血斑和毛发等样品的核酸分析，可确定案件真凶，也可用于亲子鉴定。

（3）检验检疫：在动植物检验检疫领域，对于进出境要求检疫的各种动植物传染病及寄生虫病病原体的检测，PCR 技术比传统的分离培养病原体方法更加快捷、准确。

 知识窗

### 常见的 PCR 衍生技术

随着分子生物学的快速发展，PCR 技术本身也不断发展，与其他分子生物学技术结合，形成了多种 PCR 衍生技术。

1. 反转录 PCR（reverse transcription-PCR，RT-PCR）　是将 RNA 的反转录反应和 PCR 反应联合应用的一种技术。首先以 RNA 为模板，在反转录酶的作用下合成互补 DNA（complementary DNA，cDNA），再以 cDNA 为模板通过 PCR 反应来实现对 RNA 模板的间接扩增。

2. 巢式 PCR（nested PCR）　使用两对位置不同的引物（外侧引物和内侧引物），在第一对引物 PCR 反应后剔除第一引物，进行第二轮 PCR 反应。这样检测的灵敏度和特异性大大提高，适用于扩增模板含量较低的样本。

3. 多重 PCR（multiplex PCR）　在一个 PCR 反应体系中同时加入多组引物，同时扩增同一 DNA 模板或不同 DNA 模板中的多个区域。其实质是一个反应体系中进行多个单一的 PCR，临床上利用同一份患者样本对多个致病基因进行检测。

4. 原位 PCR（in situ PCR）　把 PCR 和原位杂交结合起来，充分利用 PCR 技术的高效特异敏感与原位杂交的细胞定位特点，实现在组织细胞原位检测单拷贝或低拷贝的特定的 DNA 或 RNA 序列。

此外还有反向 PCR（inverse PCR 或 reverse PCR）、不对称 PCR（asymmetric PCR）、等位基因特异性 PCR（allele-specific PCR）等，其操作更为精细和自动化，以满足各种需要和用途。

## 二、分子杂交技术

分子杂交技术是分子生物学领域应用最为广泛的技术之一,是利用 DNA 变性与复性进行 DNA 或 RNA 定性或定量分析的一项技术。

### (一)分子杂交与分子杂交技术

1. 分子杂交  在分子生物学上一般指核酸分子杂交,核酸分子在变性后再复性的过程中,来源不同但互补配对的 DNA 或 RNA 单链(包括 DNA 和 DNA,RNA 和 RNA,DNA 和 RNA)相互结合形成杂合双链的特性或现象(图 11-2)。

变性和复性是核酸分子的基本性质,基础是碱基配对规律。

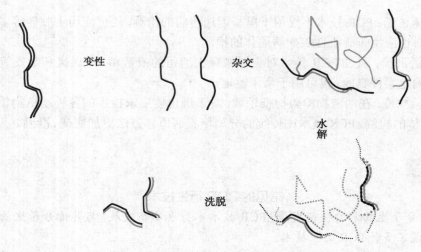

图 11-2  DNA(黑)-RNA(灰)分子杂交示意图

2. 分子杂交技术  来源不同的 DNA,或 DNA 与 RNA 混在一起,加热使 DNA 分子解开成单链后,在缓慢降温复性过程中,只要 DNA 或 RNA 的单链分子之间存在着一定程度的碱基配对关系,就可以在不同的分子间形成杂化双链,据此对核酸分子进行定性和定量分析的技术称为分子杂交技术。

通常将一种已知序列核酸单链(探针)有放射性核素或非放射性核素(生物素或荧光染料)标记,再与另一种核酸单链进行分子杂交,通过对探针的检测实现对未知核酸分子的检测和分析。

### (二)探针的种类及其制备

1. 概念  探针(probe)是指经过特殊标记的已知序列的核酸(或寡核苷酸)单链(或双链)片段,用来检测某一特定核苷酸序列的核酸(DNA 或 RNA)片段。用于分子杂交的探针可以是人工合成的寡核苷酸片段,也可以是克隆的基因组 DNA、cDNA 全长或部分片段。

2. 探针的种类  按照标记物类型,分为放射性核素标记探针和非放射性核素标记探针。

(1)放射性核素标记探针是应用最多的一类探针。由于放射性核素与相应的元素之间具有完全相同的化学性质,不影响碱基配对的特异性和稳定性,且灵敏度极高,可检测出样品中 1000 个分子以内的核酸。主要缺点是放射性污染，且半衰期短，随用随标记。

（2）非放射性核素标记探针的优点是无放射性污染、稳定性好、标记探针可长期存放；主要缺点是灵敏度和特异性有待进一步提高。常用的非放射性核素标记探针主要有三种：①生物素标记探针，生物素是小分子水溶性的维生素，对亲和素（抗生物素蛋白）亲和力极强，通过连接在亲和素上的显色物质（如酶等），检测探针与相应的核酸样品杂交结果；②地高辛标记探针是类固醇半抗原分子，由一个连接臂和核酸分子相连，通过酶联抗体 - 半抗原复合物和相应的显色剂，使杂交部分得以显示；③荧光素标记探针的作用原理和操作过程与地高辛探针和生物素探针类似，尤其是荧光原位杂交技术的快速发展，使得荧光素标记探针的应用和开发更加广泛。

3. 探针的制备 探针的制备一般分为合成、标记和纯化三个步骤。探针的合成和标记可以先合成，然后再标记，也可以边合成边标记同时进行。探针标记结束后，需要去除未掺入到探针中的标记核糖核苷酸，排除对杂交反应的干扰，这就是探针制备过程的纯化。

### （三）分子杂交技术的发展

分子杂交技术最早于 1961 年，Hall 等将探针与靶序列在溶液中杂交（液相杂交），过程繁琐，准确性差。1962 年 Bolton 等设计了一种简单的固相杂交方法，将变性 DNA 固定在琼脂中，与其他互补核酸序列杂交。20 世纪 70 年代，限制性内切酶、印迹技术、寡核苷酸自动合成技术的发展和应用，分子杂交技术至此得到完善和广泛应用。

## 三、印迹技术

在分子生物学技术操作上，印迹技术与分子杂交实质是两个不同的技术。

### （一）基本概念

印迹（blot）或转印（bloting）技术是指将核酸或蛋白质等生物大分子通过一定方式转移并固定至尼龙膜等支持载体上的一种方法，类似用吸墨纸吸收纸张上的墨迹，故称印迹技术。

在转印之前，先将待转印的生物分子或样品进行电泳分离；转印之后，通过多种方法将被转印的物质显色进行各种检测。如果被转印的物质是核酸，一般采用核酸分子杂交技术进行检测；如果被转印的物质是蛋白质，一般通过与标记的特异性抗体通过抗原 - 抗体结合反应间接显色，特称免疫印迹技术。

### （二）印迹技术与分类

1. 印迹技术 DNA 印迹技术主要包括①将待测定的 DNA 样品通过合适的方法转移并结合至某种固相支持物（如硝酸纤维薄膜或尼龙膜）；②探针的标记与制备；③固定于固相支持物上的样品与标记的探针在一定的温度和离子强度下退火，即分子杂交过程；④杂交信号的检测与结果分析（图 11-3）。

2. 印迹技术的分类 Edwen Southern 于 1975 年最早提出并建立了印迹技术，当时是以 DNA 为样品建立的，人们将 DNA 印迹技术称为 Southern 印迹（Southern blot）。后来建立的 RNA 印迹技术称为 Northern 印迹（Northern blot），蛋白质印迹技术称为 Western 印迹（Western blot），甚至翻译后修饰检测 Eastern 印迹（Eastern blot）。

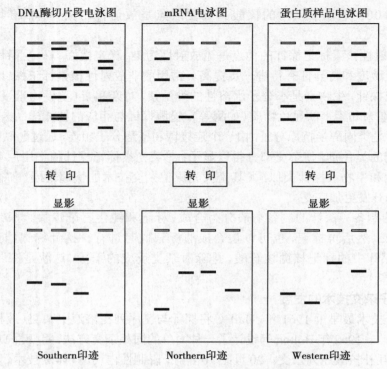

图 11-3　印迹技术的基本过程示意图

# 第二节　分子生物学延伸拓展类技术

分子生物学延伸拓展类技术包括 DNA 重组技术（基因工程）、DNA 测序技术、生物芯片、转基因和基因敲除 / 敲入技术、RNA 干扰技术等。本质上，此类技术都是在基本技术的基础上建立起来的，同时又更加丰富和拓展了分子生物学的理论体系和研究领域。本节主要介绍基因工程、DNA 测序技术、转基因技术与核移植技术。

## 一、基因工程

20 世纪 60 年代末，随着限制性核酸内切酶、DNA 连接酶、反转录酶的相继发现和高分辨率凝胶电泳及杂交技术的建立，奠定了重组 DNA 技术，即基因工程的基础。遗传物质（核酸）可以人为操作和改造的基因工程已然成为生物技术领域的核心技术。

### （一）基因工程的概念

狭义的基因工程（genetic engineering）是指将一种生物体（供体）的基因与载体分子在体外进行拼接重组，转入另一生物体（受体）细胞内，使之扩增并表达出新的性状。因其将不同来源的 DNA 分子拼接成新的 DNA 分子，称为 DNA 重组技术（DNA recombination）；因其扩增获得大量某基因拷贝，又称基因克隆（genetic cloning）。

广义的基因工程分为上游技术和下游技术。上游技术是指钻尖基因的重组、克隆、表达的设计与构建，即狭义的基因工程；下游技术涉及含外源基因的重组菌或细胞的大规模培养及外源基因表达产物的分离纯化与鉴定等工艺。

## （二）基因工程的工具酶

以 DNA 分子为工作对象，对 DNA 分子进行切割、连接、聚合等各种操作都是酶学方法实施的，在基因工程技术中所需要的酶都称为工具酶。工具酶中限制性核酸内切酶具有特别重要的意义。限制性核酸内切酶就是能够识别 DNA 的特异序列并在识别的位点及周围进行切割双链 DNA 的一类内切酶，被称为基因工程的手术刀，应用广泛。

1968 年，Meselson 和 Yuan 两位科学家发现，限制与修饰酶系统（R-M 系统）。这是一种类似免疫的防卫机制，分别借助于限制性核酸内切酶和修饰酶（modification enzymes）来实现的。前者，可使侵入的外源 DNA 受到一定程度的降解；后者，则是把甲基转移到腺嘌呤或胞嘧啶碱基的特定位置上，保证细菌自身的 DNA 不受限制作用降解。现已发现多种细菌都含有这类限制-修饰酶系统（表 11-1）。

表 11-1 基因工程中常用的工具酶

| 工具酶 | 功能 |
| --- | --- |
| 限制性核酸内切酶 | 识别特异序列，切割 DNA |
| DNA 连接酶 | 连接外源 DNA 与基因载体，构建重组 DNA 分子 |
| DNA-pol I | 合成双链 cDNA 的第二条链 |
| 反转录酶 | 合成 cDNA |
| 多聚核苷酸激酶 | 催化多聚核苷酸 5′ 羟基末端磷酸化 |
| 末端转移酶 | 在 3′ 羟基末端进行同质多聚物加尾 |
| 碱性磷酸酶 | 切除末端磷酸基 |

知识窗

### 噬菌体

噬菌体（phage）主要有双链噬菌体和单链丝状噬菌体两大类，双链噬菌体为 λ 类噬菌体，单链丝状噬菌体有 M13、f1、fd 噬菌体。噬菌体在现代分子生物学技术形成与发展过程中起到了巨大作用。

基因工程中常用的噬菌体载体主要有 λ 类噬菌体和 M13 噬菌体。构建的 λ 噬菌体载体有两种类型：一种是插入型载体（insertion vectors），只具有一个可供外源 DNA 插入的克隆位点；另一种是替换型载体（replacement vectors），具有成对的克隆位点，在这两个位点之间的人 DNA 区段可以被外源插入的 DNA 片段所取代。

## （三）基因工程的基本过程

重组 DNA 技术，即基因工程主要包括如下步骤：①分离含有目的基因的 DNA 片段，经限制性内切酶作用后，准备制作重组 DNA 分子；②选择或改造载体 DNA 分子，限制性内切酶作用后，准备制作重组 DNA 分子；③将含有目的基因的 DNA 片段连接到能够自我复制且含有选择标记的载体 DNA 分子上，形成重组 DNA 分子；④将重组 DNA 分子导入受体细胞（宿主细胞）并增殖；⑤从细胞繁殖群体中筛选出含重组 DNA 分子的受体细胞克隆扩增，进一步提取、纯化重组 DNA（图 11-4）。

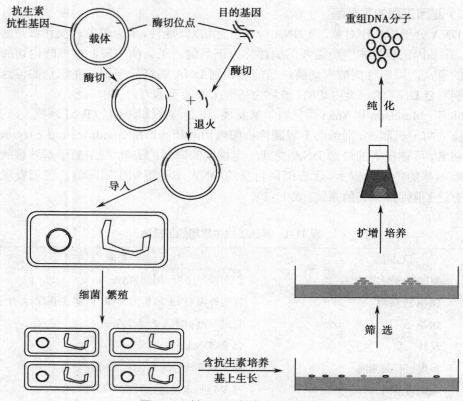

图 11-4　基因工程基本步骤示意图

 知识窗

**糖尿病与基因工程**

　　据世界权威组织披露,糖尿病已成为除心脑血管疾病、恶性肿瘤外的第三大疾病,我国已成为世界第一糖尿病大国,患病率为 9.7%,高于世界平均水平的 6.4%。鉴于胰岛素的重要临床作用,科学家利用基因工程进行胰岛素的研究与开发。1978 年美国 Genetech 公司首次实现了利用大肠杆菌生产由人工合成基因表达的人胰岛素;1982 年美国 Eli Lilly 公司将由基因工程菌生产的胰岛素投放市场,标志着第一个基因工程药物的诞生。

## 二、DNA 测序技术

　　DNA 的序列测定(DNA sequencing),即 DNA 一级结构的测定,也是一项常用的分子生物学技术,属于延伸拓展类分子生物学技术。DNA 测序技术对于基因组学研究是一个主要的支撑性技术,DNA 测序技术的发展与进步对于基因组学研究的进程至关重要。

　　**(一) 基本原理**

　　1. 双脱氧链末端终止法　双脱氧链末端终止法又称 Sanger 法,是目前应用最为广泛的方法。

Sanger 法是巧妙地利用了 DNA 复制机制,利用 2′,3′- 双脱氧核苷酸(ddNTP)部分替代正常 2′- 脱氧核苷酸(dNTP)作为底物进行 DNA 合成。在 DNA 合成时,由于 ddNTP 的脱氧核糖的 3′-C 上缺少羟基而不能与下一个核苷酸的 5′-C 上的磷酸基之间形成 3′, 5′-磷酸二酯键,从而使正在延伸的 DNA 链在此 ddNTP 处终止。这样同一 ddNTP 就形成了一个长短不同的 DNA 链系列,四种 ddNTP 形成四个不同碱基、不同长度系列的 DNA(图 11-5)。

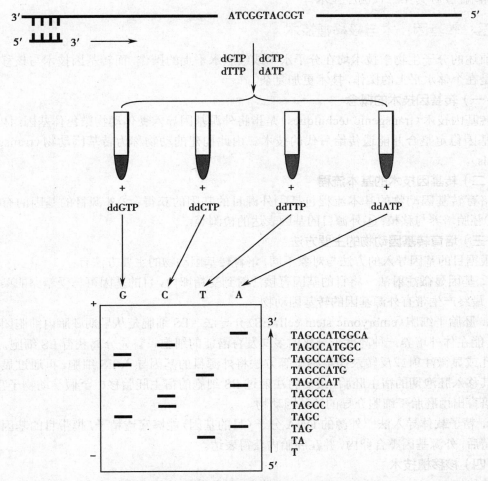

图 11-5　双脱氧链末端终止法测定 DNA 序列示意图

经过标记的 dNTP 被合成为四个系列的 DNA,进行高分辨率的变性聚丙烯酰胺凝胶电泳,根据电泳结果读出 DNA 一级结构的碱基排序。

2. 双脱氧链末端终止法测序的自动化　在 Sanger 法基础上发展起来的全自动激光荧光 DNA 测序技术,可实现制胶、进样、电泳、检测、数据分析全自动化。

全自动激光荧光 DNA 测序技术的基本原理仍然是双脱氧链末端终止法,以荧光代替放射性核素进行标记,反应产物经电泳后,利用激光激发 DNA 片段上的荧光发色基团而显现荧光,通过检测器采集荧光信号,经计算机进行储存和进一步处理,在荧光屏上显示出每个样品经电泳分离后 DNA 片段排列情况的模拟图像,是色谱吸收图形,即 DNA

序列。

### （二）进展

基于双脱氧链末端终止法测定原理的第一代测序技术对于人类基因组计划的顺利完成做出巨大贡献，但此类测序技术费用极其昂贵。随着对传统测序技术的划时代革新，推出了高通量测序技术，即第二代测序技术。因其测序的通量高，使得短期内就可以对一个物种的转录组和基因组进行细致全貌地分析，又称深度测序。基于纳米孔的单分子测序技术也初露端倪，称为第三代测序技术。

## 三、转基因技术与核移植技术

前述的分子生物学技术均在分子水平或细胞水平上的操作，而转基因技术与核移植技术则是在个体水平上的操作，技术更加复杂。

### （一）转基因技术的概念

转基因技术（transgenic techniques）是指将外源基因导入受体动物染色体基因组内，使外源基因稳定整合并能遗传给后代的技术。由此构建的动物称为转基因动物（transgenic animals）。

### （二）转基因技术的基本流程

培育转基因动物的基本流程包括①外源目的基因的获得；②外源目的基因的有效导入；③胚胎培养与移植；④外源目的基因表达的检测等。

### （三）培育转基因动物的主要方法

根据目的基因导入的方法与对象不同，培育转基因动物的主要方法有

1. 基因显微注射法　将目的基因直接注射到受精卵内，目的基因可与受精卵的染色体整合，最终产生带有外源基因的转基因动物。

2. 胚胎干细胞（embryonic stem cell, ES）介导法　ES细胞是从早期胚胎内细胞团分离出来，能在体外培养一种高度未分化的多向发育潜能的细胞。首先分离获得ES细胞，通过电穿孔或显微注射或反转录病毒感染等方法将外源目的基因导入ES细胞，再通过显微操作将其移入胚泡期的宿主胚胎，最后将注射过ES细胞的宿主胚胎移植至假孕动物子宫内，便可培育出由胚胎干细胞介导的转基因动物。

3. 精子载体导入法　外源的DNA分子（目的基因）能够穿透精子，携带目的基因的精子受精后，外源基因整合卵内，并在胚胎内获得表达。

### （四）核移植技术

核移植（nuclear transplantation, NT）技术，又称动物整体克隆技术，是将动物早期胚胎或体细胞细胞核移植到去核受精卵或成熟卵母细胞中，重新构建新的胚胎，然后发育成个体。这样产生的个体所携带的遗传性状仅来自一个父亲或母亲个体，恰似无性繁殖的方式，从遗传学的角度上看，是一个个体的完全拷贝，因此称为克隆。

# 第三节　基因诊断与基因治疗

临床上疾病的诊断方法多为"表型诊断"，是以临床表现或病原体的表型为依据，而表型的改变多数情况下是非特异的，在疾病发生一定时间后才出现，常因不能及时诊断而延误治疗。从基因水平的诊断可以早期诊疗，而针对异常基因的治疗更是一种对因治疗。

## 一、基因诊断

### （一）概念和特点

1. 概念　基因诊断（gene diagnosis）又称 DNA 诊断，目前已发展成为一门独具特色的诊断学科。基因诊断是利用现代分子生物学和分子遗传学的技术方法，直接检测与分析基因的类型和缺陷及其表达功能是否正常，从而对疾病做出诊断的方法。

2. 特点　与其他诊断学方法相比，基因诊断的特点有①基因作为检测目标，属于"病因诊断"，针对性强；②应用特定基因序列作为探针，特异性高；③分子杂交和 PCR 具有放大效应，样本用量少，灵敏度高；④诊断取材方便，适应性强，诊断范围广。

### （二）临床应用

1. 遗传病　基因诊断可用于许多单基因缺陷引起的遗传病，包括显性遗传、隐性遗传、X 染色体连锁遗传等。对于有患遗传病危险的胎儿进行产前诊断或检测其有关亲属是否为基因携带者，为防治遗传病和优生优育具有重大意义。

2. 感染性与传染性疾病　采用分子杂交和 PCR 技术对感染性和传染性疾病的诊断具有灵敏度高、特异性强、快速简便的特点；不仅能查出正在生长的病原体，也能检出潜伏的病原体；既能确定既往感染，也能确定现行感染；无论病原体是病毒、细菌、寄生虫，还是混合感染。

3. 恶性肿瘤　恶性肿瘤的发生发展非常复杂，是多因素、多基因、多阶段的癌变过程，基因诊断着重从三个方面进行：①检测肿瘤相关基因；②检测肿瘤相关病毒基因；③检测肿瘤标志物基因的 mRNA。

此外可以通过基因检测判断个体对重大疾病的易感性。器官移植、组织配型以及应用于免疫学和法医学等多个领域。

## 二、基因治疗

基因治疗与常规治疗的区别：常规治疗针对基因异常而表现出的各种症状，而基因治疗针对产生疾病的根源，即异常的基因进行。基因治疗是指向有功能缺陷的细胞导入具有相应功能的外源基因，纠正或补偿其基因缺陷，达到治疗的目的。例如胰岛素基因缺陷者，可以通过基因工程的原理和方法，获得外源性的胰岛素基因，并在体内表达产生胰岛素。由于基因治疗的环节众多，所以影响基因治疗的效果的因素也是很多。

基因治疗主要包括①基因矫正治疗，如基因增补、基因替换、基因修复；②基因调控治疗，通过对基因表达的控制改变基因表达的强度或方式，从而可以使由于基因异常表达引起的疾病得以治疗。

（艾旭光）

思考题

1. 试述 PCR 反应的基本原理。
2. 试述基因工程的基本原理。

# 第十二章 水、无机盐代谢与酸碱平衡

 **学习目标**

1. 掌握水平衡，钠、氯、钾的代谢，体内酸性和碱性物质的来源。
2. 熟悉水的生理功能，电解质的生理功能，钙、磷代谢，酸碱平衡的调节。
3. 了解酸碱平衡的主要生化指标。

水是机体含量最多的物质，无机盐占体重 4%～5%。水和无机盐对构成组织细胞的结构、功能及代谢调节具有重要作用。正常生理情况下，机体使体液 pH 维持在恒定范围内，保持动态的酸碱平衡，对机体的生理活动和代谢反应的正常进行非常重要。因此，掌握水、无机盐代谢和酸碱平衡的基本知识，对治疗及护理均有重要意义。

## 第一节 水的代谢

### 一、水的含量与分布

正常成人体液含量约占体重的 60%，细胞内液约占体重的 40%，细胞外液约占体重的 20%。细胞外液中，血浆约占体重的 5%，细胞间液约占体重的 15%。血浆是沟通人体各内环境和内外环境之间的重要转运体系。

体液含量受年龄、性别、体型等因素的影响。年龄越小，体液占体重的百分比越大。相同体重的男女，男性体液量多于女性。脂肪组织含水少，体重相同的肥胖者比均衡型者的体液量少。

### 二、水的生理功能

体内的水有两种存在形式。以自由状态存在的水，称为自由水，量较少；与蛋白质、多糖等结合的水，称为结合水，量较多。

#### （一）参与和促进体内的物质代谢

水是良好的溶剂，能使各种营养物、代谢物溶解，随血液循环或淋巴运送至各组织细胞，有利于体内代谢反应的进行，营养物质的消化、吸收或代谢废物的排出。水还直接参于多种化学反应。

#### （二）调节体温

因为水的比热大，蒸发热大，流动性也大，所以水是良好的体温调节剂。即使内外环境发生了明显变化，体温也不会随之发生明显变化。

（三）润滑作用

水是良好的润滑剂，能减少摩擦，例如唾液有利于吞咽、关节液有利于关节的活动。

（四）赋形作用

结合水参与维持组织器官的形态、弹性及硬度，维持组织的形态结构和生理功能。

### 三、水的摄入与排出

（一）水的摄入

正常成人每天摄入水总量约 2500ml，主要来源：

1．饮水　成人每天饮水量约 1200ml，随体内自身需要和气候等环境的不同，变化幅度较大。

2．食物水　成人每日从食物中得到的水量变化不大，约 1000ml。

以上两种形式摄入的水量受气候、饮食习惯、劳动强度等因素的影响。

3．代谢水　代谢水是由糖、脂肪和蛋白质等营养物质在代谢过程中经过氧化生成的水。成人每日体内生成的代谢水约为 300ml，量比较稳定。

（二）水的排出

成人每日排出的水量约为 2500ml，排出去路：

1．肾排出　肾排尿是机体排出水分最主要的途径。正常情况下，成人每天排出尿量 1000～2000ml，平均 1500ml。尿量包括两部分，一部分用于排泄代谢产物，每日最少约 500ml；另一部分是排出体内多余的水。

2．皮肤蒸发　成人每日通过皮肤、黏膜排出的水量约 500ml。

3．呼吸蒸发　肺呼吸进行气体交换时，每天以水蒸气的形式排出约 350ml。

4．粪便排出　正常成人每日随粪便排出的水量约 150ml。

一般情况下，人体内的水维持动态平衡，摄入水量与排出水量相等（表 12-1）。

表 12-1　正常成人每日水的摄入量和排出量

| 水的摄入途径 | 摄入量（ml） | 水的排出途径 | 排出量（ml） |
| --- | --- | --- | --- |
| 饮水 | 1200 | 肾排出 | 1500 |
| 食物水 | 1000 | 皮肤蒸发 | 500 |
| 代谢水 | 300 | 呼吸蒸发 | 350 |
|  |  | 粪便排出 | 150 |
| 共计 | 2500 | 共计 | 2500 |

人体每日必然失水量是指人每日由肾排出（最低尿量约 500ml）、皮肤蒸发、呼吸蒸发和粪便排出的水量，最少约 1500ml。为了维持水平衡，人体每日摄入的水量至少要达到 1500ml，称为日需量。临床护理工作中，对需要补充液体的患者，可参考上述数值。

## 第二节　无机盐代谢

### 一、无机盐的含量与分布及生理功能

（一）无机盐的含量和分布

无机盐在体液中电离成正离子和负离子。体液中主要的电解质是 $Na^+$、$K^+$、$Ca^{2+}$、$Mg^{2+}$、

$Cl^-$、$HCO_3^-$ 等。体液中正离子和负离子的总量相等,呈电中性。细胞内、外液的渗透压基本相等。细胞内液中主要阳离子 $K^+$,主要阴离子 $HPO_4^{2-}$ 和蛋白质阴离子。细胞外液中主要阳离子 $Na^+$,主要阴离子 $Cl^-$ 和 $HCO_3^-$。细胞内液电解质的总量高于细胞外液。细胞内液蛋白质含量较高,分子大;血浆与细胞间液电解质含量相近,但蛋白质含量差异较大,这在组织液循环过程中对水的转移和血容量的维持非常重要(表 12-2)。

表 12-2 体液中电解质的含量

| 电解质 | 血浆 | | 细胞间液 | | 细胞内液(肌肉) | |
|---|---|---|---|---|---|---|
| | 离子 mmol/L | 电荷 mmol/L | 离子 mmol/L | 电荷 mmol/L | 离子 mmol/L | 电荷 mmol/L |
| 正离子 | | | | | | |
| $Na^+$ | 145 | (145) | 139 | (139) | 10 | (10) |
| $K^+$ | 4.5 | (4.5) | 4 | (4) | 158 | (158) |
| $Ca^{2+}$ | 2.5 | (5) | 2 | (4) | 3 | (6) |
| $Mg^{2+}$ | 0.8 | (1.6) | 0.5 | (1) | 15.5 | (31) |
| 合计 | 152.8 | (156) | 145.5 | (148) | 186.5 | (205) |
| 负离子 | | | | | | |
| $Cl^-$ | 103 | (103) | 112 | (112) | 1 | (1) |
| $HCO_3^-$ | 27 | (27) | 25 | (25) | 10 | (10) |
| $HPO_4^{2-}$ | 1 | (2) | 1 | (2) | 12 | (24) |
| $SO_4^{2-}$ | 0.5 | (1) | 0.5 | (1) | 9.5 | (19) |
| 蛋白质 | 2.25 | (18) | 0.25 | (2) | 8.1 | (65) |
| 有机酸 | 5 | (5) | 6 | (6) | 16 | (16) |
| 有机磷酸 | | (—) | | (—) | 23.3 | (70) |
| 合计 | 138.75 | (156) | 144.75 | (148) | 79.9 | (205) |

## (二)无机盐的生理功能

电解质包括体液中的无机盐和部分以离子形式存在的有机物,有如下生理功能。

1. 维持体液的正常渗透压　$K^+$,$HPO_4^{2-}$ 的功能是维持细胞内液晶体渗透压,$Na^+$、$Cl^-$ 的功能是维持细胞外液晶体渗透压。

2. 维持体液的酸碱平衡　$Na^+$、$Cl^-$、$K^+$ 和 $HPO_4^{2-}$ 是体液中各种缓冲对的主要成分,对维持体液的酸碱平衡有重要意义。

3. 维持神经、肌组织的应激性　神经、肌组织的应激性与体液中的部分离子浓度有关:

$$神经、肌组织的应激性 \propto \frac{[Na^+]+[K^+]}{[Ca^{2+}]+[Mg^{2+}]+[H^+]}$$

由此可见,$Na^+$、$K^+$ 浓度升高使神经、肌肉的应激性增强,而 $Ca^{2+}$、$Mg^{2+}$ 浓度升高则使神经、肌肉的应激性降低。所以缺钙时,神经、肌肉的应激性会增强,导致手足抽搐。

无机离子也影响心肌细胞的应激性:

$$心肌组织的应激性 \propto \frac{[Na^+]+[Ca^{2+}]+[OH^-]}{[K^+]+[Mg^{2+}]+[H^+]}$$

临床上应高度注意 $K^+$ 浓度对心肌细胞应激性的影响。$K^+$ 浓度升高可降低心肌细胞兴

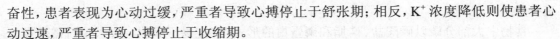

奋性，患者表现为心动过缓，严重者导致心搏停止于舒张期；相反，$K^+$ 浓度降低则使患者心动过速，严重者导致心搏停止于收缩期。

4．维持或影响酶的活性　有些无机盐尤其是金属离子是酶的辅助因子或辅助因子的组成成分，如磷酸激酶需要 $Mg^{2+}$；是酶的激活剂或抑制剂，如 $Cl^-$ 是淀粉酶的激活剂，$Na^+$ 是丙酮酸激酶的抑制剂；有些金属离子直接参与体内的物质代谢，如 $K^+$ 参与糖原的代谢。

5．构成牙齿、骨髓及其他组织　骨中无机盐占骨干重的 65%～70%。

## 二、钠、钾、氯的代谢

### （一）含量与分布

成人每天需要的氯化钠 4.5～9.0g，主要来自于食盐。体内约 40% 的钠分布于骨骼，50% 分布在细胞外液，10% 分布在细胞内液。正常成人血清中钠浓度为 135～145mmol/L。氯主要分布于细胞外液，血清中氯浓度为 98～106mmol/L。成人每天需钾约 2.5g，主要来自植物性食物及肉类。约 70% 的钾储存于肌细胞中。正常成人血清中钾浓度为 3.5～5.5mmol/L。

### （二）吸收与排泄

1．吸收　$Na^+$ 和 $Cl^-$ 来自于食盐，其摄入量因个人饮食习惯、食物性质、生活情况等的不同有很大差别。$Na^+$、$K^+$ 和 $Cl^-$ 主要在消化道吸收。$Na^+$ 和 $Cl^-$ 极易被吸收，一般不会出现钠和氯的缺乏。蔬菜、水果、谷类、肉类等食物中钾的含量丰富，一般也不会出现钾的缺乏。

2．排泄　钠、氯主要由肾排出，少量通过汗液排出。肾对血钠的调节能力很强，特点是：多吃多排，少吃少排，不吃不排。钠如果摄入过量，易引起高血压、肥胖及动脉硬化等疾病。钠的排出常伴随氯的排出。钾主要由肾排出，少量经肠道由粪便排出，特点是：多吃多排，少吃少排，不吃也排。所以长期不能进食的患者要监测其血钾含量，以确定是否需要补钾。临床上，如果肾功能基本正常，尽量选择口服补钾。如果选择静脉注射补钾，要坚持输入的 $K^+$ 不宜过浓、不宜过多、不宜过快、不宜过早，见尿补钾的原则，以避免引起暂时性高血钾。

## 三、钙、镁、磷的代谢

### （一）钙、镁、磷的含量与分布

钙和磷是体内含量最多的无机盐。正常成人体内含钙的总量约 30mol，其中 99% 以上的钙以羟磷灰石的形式存在于骨中。钙是构成骨骼和牙齿的主要成分。成人血清中钙的含量为 2.25～2.75mmol/L，不到人体钙总量的 0.1%。

正常成人含镁量 20～28g。镁大部分存在于骨骼中，其余分布于肌肉、肝、肾、脑等组织。成人血清中镁的含量为 0.8～1.2mmol/L。

正常成人含磷量 400～800g，主要分布于骨骼，其次分布于组织细胞。成人血清中磷的含量为 1.1～1.3mmol/L。

### （二）钙、磷、镁的吸收与排泄

1．吸收　人体内钙的主要来源是牛奶、豆类和叶类蔬菜。成人每日需钙量 0.5～1.0g，儿童、孕妇需钙 1.0～1.5g。钙的吸收部位主要在十二指肠和空肠。钙盐在酸性环境中易溶解，有利于吸收，因此能降低消化管内 pH 值的食物，如乳酸等，有利于钙的吸收；而食物中的碱性磷酸盐、草酸盐、植酸盐可与 $Ca^{2+}$ 结合形成不溶性的钙盐，妨碍钙的吸收。维生素 $D_3$ 促进小肠对钙的吸收。钙的吸收率随着年龄的增长而下降，这是导致老年人缺钙患骨质疏松的原因之一。

食物中大部分磷以磷酸盐、磷脂和磷蛋白的形式存在，易于吸收。成人每日需磷量为 1.0～1.5g。磷的吸收部位主要在空肠，影响钙吸收的因素也影响磷的吸收。此外，食物中的 $Ca^{2+}$、$Mg^{2+}$、$Fe^{2+}$ 可与 $PO_4^{3-}$ 生成不溶性物质影响磷的吸收。

成人每日需镁量为 0.2～0.4g。镁的吸收部位主要在空肠和回肠。

2. 排泄　正常成人每日排泄的钙约 80% 经肠道排出，约 20% 经肾脏排出。肠道排出的钙主要为食物未吸收的钙和消化液中的钙。肾小管对钙的重吸收能力受到甲状旁腺素的调控。当血钙浓度降低时，增加肾小管对钙的重吸收，尿钙接近零；当血钙浓度升高时，则重吸收下降。

正常成人每日排泄的磷 60%～80% 由肾脏排出，20%～40% 随粪便排出。所以，当肾衰竭时可引起高血磷。当血磷浓度降低时，肾小管对磷的重吸收增强；当血磷浓度增加时，肾小管对磷的重吸收降低。

正常成人每日排泄的镁 60%～70% 随粪便排出，其余随尿液排出。从肾小管滤过的镁多被重吸收。

### 微量元素

微量元素是指含量占人体体重 0.01% 以下，或每日需要量在 100mg 以下的元素。人体必需微量元素有铁、铜、锌、碘、锰、硒、氟、钼、钴、铬、镍、钒、锶、锡 14 种。动物肝脏、瘦肉、黄豆、油菜等铁的含量较高。胃酸、维生素 C、葡萄糖等物质促使铁的吸收。植酸、草酸、鞣酸等妨碍铁的吸收。铁缺乏常见缺铁性贫血、儿童智力下降、活动能力下降等。铁过量会引起肝硬化、房性心律不齐等。锌主要来自鱼、肉、蛋、内脏、谷类、豆类等食物中。植酸、钙、纤维素等可影响锌的吸收。儿童缺锌可导致发育不良、智力下降。碘主要来自于海盐及海带、紫菜等。成人缺碘可引起甲状腺肿大。儿童缺碘可引起智力迟钝、体力发育迟缓。

## 第三节　水与无机盐代谢的调节

在中枢神经系统的控制下，神经 - 体液系统通过抗利尿激素和醛固酮等对水和无机盐的代谢进行调节。

### 一、神经调节

渴觉中枢位于丘脑下部的一个特定区域。中枢神经系统通过对体液渗透压的变化，将感受传递给渴觉中枢。当机体缺水时，体液渗透压升高，渴觉中枢产生口渴的生理反应，使机体摄入一定量的水；反之，若机体大量饮水，体液渗透压降低，渴感则被抑制。

### 二、激素的调节

#### （一）抗利尿激素（ADH）

ADH 的主要作用是增强肾小管对水的重吸收，减少尿量。当血浆渗透压升高时，ADH

分泌增加，肾小管对水的重吸收增加，机体的水分得到保留，尿量减少，血浆渗透压恢复正常；反之，当血浆渗透压降低时，ADH 分泌减少，水的重吸收降低，尿量增加，血浆渗透压恢复正常。精神紧张、疼痛等因素会引起 ADH 分泌增加，出现少尿。

### （二）醛固酮

醛固酮能促进肾小管上皮细胞分泌 $H^+$、$K^+$ 与 $Na^+$ 进行交换，达到保 $Na^+$ 排 $H^+$、排 $K^+$ 的作用。通过醛固酮保留体内的 $Na^+$，增加水的重吸收。当血 $Na^+$ 浓度下降或血 $K^+$ 浓度升高时，醛固酮分泌增加，尿液中排 $Na^+$ 减少；反之，醛固酮分泌减少，尿液中排 $Na^+$ 增加。

# 第四节 酸 碱 平 衡

## 一、体内酸碱物质来源

酸碱平衡是指将体液 pH 值维持在恒定范围内的过程。人体体液的 pH 值：细胞内液为 7.0，细胞外液略高，血浆 pH 为 7.4。

### （一）体内酸性物质的来源

1. 挥发性酸　人体内糖、脂肪、蛋白质氧化分解的终产物为 $CO_2$ 和 $H_2O$，$CO_2$ 能与 $H_2O$ 生成 $H_2CO_3$，在肺部，$H_2CO_3$ 重新分解为 $CO_2$ 而呼出，称为挥发性酸。

2. 固定酸　人体内物质代谢过程还产生酸性物质（如乳酸、丙酮酸等有机酸以及磷酸、硫酸等无机酸）通过肾随尿排出，称为固定酸，也称非挥发性酸。体内酸性物质主要来自食物中的糖、脂肪、蛋白质的分解代谢，称为酸性食物。

3. 药物　某些药物如氯化铵（$NH_4Cl$）、阿司匹林也可在体内产生酸。

### （二）体内碱性物质的来源

1. 食物中的碱　体内碱性物质主要来自水果和蔬菜，称为碱性食物。碱性食物含丰富的有机酸盐，有机酸根可与 $H^+$ 结合生成有机酸，进而生成 $CO_2$ 和 $H_2O$ 排出体外，消耗体内的 $H^+$。有机酸盐中的金属离子，如 $K^+$、$Na^+$ 与 $HCO_3^-$ 结合生成 $KHCO_3$ 或 $NaHCO_3$，使体内碱性物质含量增加。

2. 机体代谢产生的碱　代谢产生的碱量少，如氨基酸脱氨基作用产生的氨，脱羧基作用产生的胺等。

3. 药物　某些药物如小苏打（$NaHCO_3$）、氢氧化铝等。

## 二、酸碱平衡的调节

### （一）血液的缓冲体系及功能

血液缓冲体系将代谢过程中产生的酸、碱物质，转变成较弱的酸或碱，以维持血液 pH 值的相对稳定，由弱酸和它相应的盐所组成，称为缓冲对。

1. 血液的缓冲体系　根据存在部位不同可将血液缓冲体系分为血浆缓冲体系和红细胞缓冲体系。血浆缓冲体系的缓冲对有（Pr 代表蛋白质）：

$$\frac{NaHCO_3}{H_2CO_3} \quad \frac{Na_2HPO_4}{NaH_2PO_4} \quad \frac{Na\text{-}Pr}{H\text{-}Pr}$$

红细胞缓冲体系的缓冲对有（Hb 代表血红蛋白）：

$$\frac{KHCO_3}{H_2CO_3} \quad \frac{K_2HPO_4}{KH_2PO_4} \quad \frac{K\text{-}Hb}{H\text{-}Hb} \quad \frac{K\text{-}HbO_2}{H\text{-}HbO_2}$$

血浆中 $NaHCO_3/H_2CO_3$ 的缓冲能力最强,血浆的 pH 取决于 $NaHCO_3/H_2CO_3$ 中两种成分浓度的比值。红细胞中血红蛋白缓冲体系的缓冲能力最重要。

2. 血液缓冲体系的缓冲作用

(1)对酸的缓冲:分为挥发性酸和固定酸两种情况。

1)对挥发性酸的缓冲:体内代谢产生的 $CO_2$ 经血液扩散入红细胞,经碳酸酐酶(CA)催化与 $H_2O$ 生成 $H_2CO_3$,$H_2CO_3$ 经血红蛋白缓冲体系的缓冲作用,生成 $KHCO_3$ 和 HHb,使血液 pH 下降,又不会下降过度。

$$CO_2 + H_2O \longrightarrow H_2CO_3$$
$$KHb + H_2CO_3 \longrightarrow KHCO_3 + HHb$$

在肺部,HHb 与 $O_2$ 结合成 $HHbO_2$,$HHbO_2$ 与 $KHCO_3$ 作用生成 $KHbO_2$ 和 $H_2CO_3$,$H_2CO_3$ 再分解成 $CO_2$ 呼出。

$$HHb + O_2 \longrightarrow HHbO_2$$
$$HHbO_2 + KHCO_3 \longrightarrow KHbO_2 + H_2CO_3$$
$$H_2CO_3 \longrightarrow H_2O + CO_2$$

2)对固定酸的缓冲:体内代谢产生的固定酸(HA)被 $NaHCO_3$ 缓冲,转变成固定酸钠,并生成 $H_2CO_3$,使血液 pH 值不会明显下降。$H_2CO_3$ 又被分解为 $H_2O$ 和 $CO_2$,经肺呼出。

$$HA + NaHCO_3 \longrightarrow NaA + H_2CO_3$$
$$H_2CO_3 \longrightarrow H_2O + CO_2$$

(2)对碱的缓冲:碱性物质(BOH)进入血液后,主要被 $H_2CO_3$ 缓冲,将 BOH 转变成碱性较弱的 $BHCO_3$,使血液的 pH 值不会明显升高。

$$BOH + H_2CO_3 \longrightarrow BHCO_3 + H_2O$$

### (二)肺在调节酸碱平衡中的作用

肺通过调节 $CO_2$ 排出量来调节血中 $H_2CO_3$ 的浓度,以调整维持血浆 $NaHCO_3/H_2CO_3$ 的比值,达到调节体液酸碱平衡。

血液中酸增多时,pH 值下降,通过缓冲作用产生较多的 $H_2CO_3$,$H_2CO_3$ 分解成 $CO_2$ 和 $H_2O$,$PCO_2$ 增高,增加呼吸中枢兴奋性,呼吸加深、加快,$CO_2$ 排出增多,血液中 $H_2CO_3$ 的含量减少;反之,血液中碱增多时,降低呼吸中枢兴奋性,呼吸变浅、变慢,$CO_2$ 排出减少。

### (三)肾在调节酸碱平衡中的作用

肾通过肾小管上皮细胞的泌 $H^+$、泌氨、泌钾及钠的重吸收来实现酸碱平衡的调节。

1. $NaHCO_3$ 的重吸收  人血液和原尿的 pH 值约为 7.4,而终尿的 pH 值为 4.5,可见肾小管上皮细胞对 $NaHCO_3$ 的重吸收能力很强,有排酸的能力。

在肾小管上皮细胞中有碳酸酐酶(CA)催化 $CO_2$ 和 $H_2O$ 生成 $H_2CO_3$,再解离成 $H^+$ 和 $HCO_3^-$。$H^+$ 分泌至管腔与原尿中 $NaHCO_3$ 的 $Na^+$ 进行交换,使 $Na^+$ 重新进入肾小管上皮细胞内,与 $HCO_3^-$ 形成 $NaHCO_3$ 转运入血液,补充缓冲酸时消耗的 $NaHCO_3$。$NaHCO_3$ 的重吸收和 $H^+$-$Na^+$ 交换联系紧密(图 12-1)。

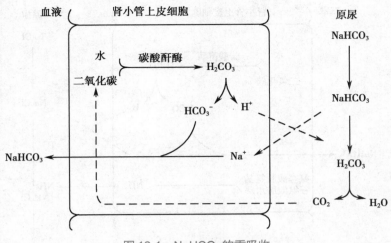

图 12-1　NaHCO₃ 的重吸收

2. **尿液的酸化**　分泌至管腔的 $H^+$ 可与 $Na_2HPO_4$ 的 $Na^+$ 进行交换。重吸收的 $Na^+$ 与细胞内产生的 $HCO_3^-$ 结合，补充了血液在缓冲固定酸时所消耗的 $NaHCO_3$，达到维持 $NaHCO_3/H_2CO_3$ 的正常比值和血液 pH 恒定的作用。同时 $H^+$-$Na^+$ 交换后 $Na_2HPO_4$ 转变成酸性的 $NaH_2PO_4$ 随尿排出，终尿 pH 约降至 4.8（图 12-2）。

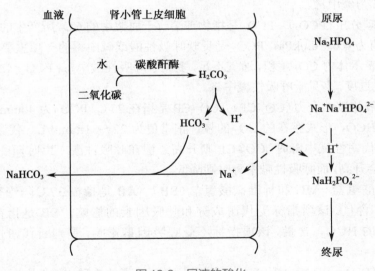

图 12-2　尿液的酸化

3. **泌 $NH_3$ 作用**　谷氨酰胺经肾小管上皮细胞内的谷氨酰胺酶水解，生成谷氨酸和氨，谷氨酸再经谷氨酸脱氢酶生成 α- 酮戊二酸和氨。$NH_3$ 与 $H^+$ 结合生成 $NH_4^+$，$NH_4^+$ 与原尿中 NaCl 的 $Na^+$ 进行交换，以 $NH_4Cl$ 的形式随尿排出体外。$Na^+$ 被重吸收与肾小管细胞内的 $HCO_3^-$ 一起转运到血液形成 $NaHCO_3$（图 12-3）。

血液缓冲体系反应迅速，但能力有限；肺的呼吸功能反应快，但只调节 $H_2CO_3$ 的浓度；肾的调节作用慢，但持久。所以，这三个环节共同参与、相互配合共同实现对酸碱平衡的有效调节。

135

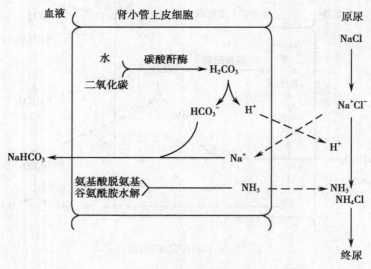

图 12-3 泌 $NH_3$ 作用

### 三、酸碱平衡的主要生化指标

1．血浆 pH 值　正常人血浆 pH 值为 7.35～7.45，平均为 7.4。血浆 pH 值低于 7.35 为酸中毒，高于 7.45 为碱中毒。

2．二氧化碳分压（$PCO_2$）　$PCO_2$ 是指物理溶解于血浆中的 $CO_2$ 所产生的张力。正常人动脉血 $PCO_2$ 值为 4.6～6.0kPa。$PCO_2$ 是反映呼吸性酸或碱中毒的一项重要指标。动脉血 $PCO_2$> 6.0kPa 表示体内 $CO_2$ 蓄积，通气不足，多见于呼吸性酸中毒；$PCO_2$<4.5kPa 表示 $CO_2$ 排出过多，通气过度，多见于呼吸性碱中毒。

3．血浆二氧化碳结合力（$CO_2$-CP）　$CO_2$-CP 是指在 25℃、$PCO_2$ 为 40mmHg 的条件下，每升血浆中以 $HCO_3^-$ 形式存在的 $CO_2$ 的量。正常值为 22～31mmol/L。代谢性酸中毒时，$CO_2$-CP 降低；代谢性碱中毒时，$CO_2$-CP 则升高。但在呼吸性酸中毒时，由于肾的代偿作用，$CO_2$-CP 也会升高，而呼吸性碱中毒时则降低。

4．实际碳酸氢盐（AB）和标准碳酸氢盐（SB）　AB 是指在 37℃隔绝空气所测得血浆中的 $HCO_3^-$ 含量，该项指标受代谢成分和呼吸因素的影响。SB 是指在标准条件下所测得血浆中的 $HCO_3^-$ 含量，该项指标不受呼吸因素影响，是判断代谢性因素影响的指标。

5．缓冲碱（BB）　BB 指血液中具有缓冲作用的碱含量的总和。正常值为 45～55mmol/L。BB 全面反映了体内中和固定酸的能力，也是反映代谢性酸碱失衡的良好指标。BB 降低，表示代谢性酸中毒；BB 升高，表示代谢性碱中毒。

# 第五节　水、电解质平衡紊乱与酸碱平衡失调

### 一、水、电解质平衡紊乱

临床上常见水、电解质平衡紊乱，如果得不到及时纠正，可导致全身各器官系统功能障

碍,特别是心血管系统、神经系统,严重者可导致死亡。

### (一)水、钠代谢紊乱

**1.脱水**

(1)高渗性脱水:是指失水多于失钠。高渗性脱水的主要原因有高热出汗、呕吐、腹泻、入水不足等。

(2)低渗性脱水:是指失钠多于失水。低渗性脱水的主要原因是严重呕吐、腹泻、大汗后或大面积烧伤等原因造成体液大量丢失后只补充水、未补充钠盐。水肿患者由于长期使用利尿剂,也会引起低渗性脱水。

(3)等渗性脱水:是指水与钠在血浆中成比例丢失而没有及时补充。等渗性脱水的主要原因有小肠炎所致的腹泻、小肠瘘、大量胸腔积液和腹腔积液等。

**2.水中毒** 正常人摄入的水较多时,在神经 - 体液系统和肾的调节作用下,不会发生水潴留或水中毒。由于疼痛、失血、外伤等原因引起 ADH 分泌过多或肾功能低下、肾脏不能正常排水时,患者摄入过多水,会引起水潴留,出现水中毒。

轻度水中毒患者,表现为头痛、恶心、呕吐、四肢无力及轻度水肿等。重度水中毒患者,表现为剧烈头痛、神志不清、呕吐、躁动等,严重者可导致死亡。

### (二)钾代谢紊乱

**1.高血钾** 血清钾浓度高于 5.5mmol/L 时为高血钾。引起血钾升高的原因有大量输血、肾功能不全、代谢性酸中毒、使用保钾利尿剂等。临床上高血钾患者表现为极度疲惫、肢体感觉异常、呼吸困难、心律不齐等,严重时心搏停止。

**2.低血钾** 血清钾浓度低于 3.5mmol/L 时为低血钾。引起低血钾的原因有钾离子摄入不足、胃肠道或肾脏排出增加。临床上低血钾患者表现为四肢无力、精神倦怠、呼吸困难和心律失常等症状。

## 二、酸碱平衡失调

### (一)呼吸性酸中毒

呼吸性酸中毒是指血浆中 $H_2CO_3$ 浓度原发性升高。临床常见原因有呼吸道梗阻、肺部疾患、胸部损伤、呼吸中枢抑制等。

### (二)呼吸性碱中毒

呼吸性碱中毒是指血浆中 $H_2CO_3$ 浓度原发性降低。临床常见原因有精神性过度通气;甲状腺功能亢进;由于缺氧造成肺通气过度,$CO_2$ 排出过多。

### (三)代谢性酸中毒

代谢性酸中毒是指血浆中 $NaHCO_3$ 的浓度原发性降低,是临床上最常见的酸碱平衡失常。常见原因有各种原因引起的缺氧或糖尿病导致体内酸性物质产生过多,严重的腹泻、肠瘘或肠道减压吸引导致体内碱性消化液排出过多,肾功能不全导致排酸保碱功能障碍。

### (四)代谢性碱中毒

代谢性碱中毒是指血浆中 $NaHCO_3$ 浓度原发性升高。临床常见于 $NaHCO_3$ 摄入过多、呕吐引起的胃酸丢失、使用大量利尿剂等。

(王达菲　郑学锋)

**思考题**

1. 试述水和无机盐的生理功能。
2. 试述钾、钠、氯代谢及其调节。
3. 试述钙、磷代谢及其生理功能。
4. 简述人体内酸碱平衡的调节机制。

# 第十三章  肝胆的生物化学

**学习目标**

1．掌握肝在糖、脂肪、蛋白质代谢中的作用，血清胆红素及黄疸。
2．熟悉生物转化的概念、胆色素的分解代谢及常用肝功能试验及临床意义。
3．了解肝在维生素、激素代谢中的作用及胆汁酸代谢。

　　肝是人体内极其重要的器官，是人体的物质代谢中枢，不仅参与糖、脂肪、蛋白质、维生素及激素等的物质代谢，还具有分泌胆汁、生物转化、排泄等重要功能。

**知识窗**

> ### 肝的特点
>
> 　　肝具有如此强大的功能，与其特殊组织结构有关：一是肝有双重的血液供应——肝动脉和门静脉，使得肝细胞既能从肝动脉中获得充足的氧和代谢物，又能从门静脉获得充足的由肠道吸收的营养物质；二是肝有双重输出通道——肝静脉和胆道输出系统，肝静脉与体循环相连，将肝中代谢产物运输到其他组织利用或排出体外，胆道输出系统与肠道相连，将胆汁和部分代谢废物排入肠道；三是肝有丰富的血窦，使肝细胞与血液的接触面积增大，有利于物质交换；四是肝有丰富的细胞器，如线粒体、内质网、高尔基体、溶酶体、过氧化物酶体等，是物质代谢的有利场所；五是肝有数百种酶类，为物质代谢提供了物质基础。

## 第一节　肝在物质代谢中的作用

### 一、肝在糖代谢中的作用

　　肝在糖代谢中的主要作用是通过调节糖原合成、分解和糖异生作用，维持血糖浓度的相对恒定，确保全身各组织细胞，特别是脑组织和红细胞的能量供应。

　　餐后血糖浓度一时性升高，肝脏将血液中多余的葡萄糖合成肝糖原储存，使血糖很快降到正常水平。饥饿时，血糖降低，肝脏将其储存的肝糖原分解为葡萄糖，进入血液补充葡萄糖的量，防止血糖过低。严重饥饿时，肝糖原几乎被耗尽，肝脏通过糖异生作用将非糖物质转化为葡萄糖，以维持血糖浓度的相对恒定。

肝功能严重受损时,肝脏合成、分解糖原及糖异生的能力下降,难以维持血糖浓度的恒定,饥饿时或空腹时易发生低血糖,进食后则易发生一时性高血糖。

## 二、肝在脂类代谢中的作用

肝在脂类的消化、吸收、运输、合成与分解代谢中均起着重要作用。

肝细胞分泌胆汁,胆汁中的胆汁酸乳化脂肪,促进脂类物质的消化吸收。肝胆疾病患者,由于肝合成、分泌或排泄胆汁酸的能力下降,引起脂肪消化吸收障碍,临床表现为厌油腻、脂类食物消化不良、脂肪泻等症状。

肝脏合成胆固醇和磷脂非常活跃,还合成脂肪和血浆脂蛋白,同时胆固醇在肝中转化成胆汁酸盐。肝功能障碍时,胆固醇合成减少,磷脂合成障碍,血浆脂蛋白合成受阻,肝内脂肪不能及时运出,导致肝内脂肪堆积,引起脂肪肝。

肝可以将脂肪酸经 β- 氧化生成乙酰辅酶 A,再经三羧酸循环氧化供能。肝中还含有生成酮体的酶系,能生成酮体,是保证脑和肌组织能量供应的能源物质。

## 三、肝在蛋白质代谢中的作用

肝是蛋白质合成和分解代谢、氨基酸合成和分解代谢及其合成尿素的重要器官。

肝除了合成构成自身结构所需要的蛋白质,还可以合成多种血浆蛋白,如清蛋白(A)、球蛋白(G)、纤维蛋白原、凝血酶原等。清蛋白主要维持血浆胶体渗透压。当肝功能严重受损时,合成的清蛋白减少,当清蛋白的量低于 30g/L,血浆胶体渗透压降低,表现为水肿;同时,合成的纤维蛋白原、凝血酶原也减少,易发生出血倾向。临床上将血浆中清蛋白 / 球蛋白的比值下降,甚至倒置,作为肝病辅助诊断和疗效判断的非常重要指标。

肝细胞内有大量的氨基酸代谢酶类,催化氨基酸进行转氨基、脱氨基、脱羧基等代谢反应。肝细胞内丙氨酸氨基转移酶(ALT)活性较高,当肝细胞受损时,ALT 大量从细胞内释放进入血液,引起血液中 ALT 的活性显著升高。因此,临床上把 ALT 作为急性肝病的诊断指标之一。

氨基酸分解代谢产生的氨,在肝脏中经过鸟氨酸循环生成尿素随尿液排出体外。当肝功能障碍时,尿素合成减少,血氨浓度升高,导致高血氨症,严重时引起肝性脑病。

## 四、肝在维生素代谢中的作用

肝在维生素的吸收、贮存、转化等代谢中有主要作用。

肝脏分泌的胆汁酸盐在促进脂类物质消化吸收的同时,也促进脂溶性维生素的吸收。肝脏还是多种维生素的储存场所。

有些维生素的代谢转化也在肝中进行,如维生素 D 转化生成活性维生素 $D_3$,β- 胡萝卜素转化为维生素 A,多数 B 族维生素转化为辅酶形式等。

## 五、肝在激素代谢中的作用

肝是多种激素灭活的主要器官。激素在体内经过一系列化学反应后,活性减弱或丧失的现象称激素的灭活。

醛固酮、肾上腺皮质激素、性激素、胰岛素、类固醇激素、ADH 等均在肝内灭活。当肝功能受损时,激素灭活能力减弱,引起某些病理现象。如醛固酮增多,会引起水钠潴留,导致水肿现象;雌激素可以使小动脉扩张,如果灭活减少,会出现蜘蛛痣和肝掌。

# 第二节 胆汁酸代谢

## 一、胆汁

胆汁是由肝细胞分泌的一种有苦味的黄色液体,储存于胆囊,经胆管至肠道发挥其作用。正常成人每天分泌 300～700ml 胆汁。肝细胞初分泌的胆汁呈金黄色,称为肝胆汁。肝胆汁进入胆囊后,经胆囊浓缩,转变为棕绿色,称为胆囊胆汁。胆汁的主要成分是胆汁酸盐、胆色素、胆固醇和磷脂等,其中胆汁酸盐的量最多(表 13-1)。

**表 13-1　正常人胆汁的化学组成**

| | 肝胆汁(%) | 胆囊胆汁(%) |
|---|---|---|
| 密度 | 1.009～1.013 | 1.026～1.032 |
| pH | 7.1～8.5 | 5.5～5.7 |
| 胆汁酸盐 | 0.2～2.0 | 1.5～10 |
| 胆色素 | 0.05～0.17 | 0.2～1.5 |
| 胆固醇 | 0.05～0.17 | 0.2～0.9 |

## 二、胆汁酸代谢与功能

### (一)胆汁酸的分类

胆汁酸是在肝细胞中以胆固醇为原料合成的。正常人胆汁中的胆汁酸分为初级胆汁酸和次级胆汁酸两大类,每类又可分为游离型和结合型。

1. 初级胆汁酸　在肝细胞内由胆固醇在 7- 羟化酶的作用下转化生成 7- 羟胆固醇,再经过一系列反应生成胆酸和鹅脱氧胆酸,称为初级游离胆汁酸。在肝内它们分别与甘氨酸或牛磺酸结合生成甘氨胆酸、甘氨鹅脱氧胆酸、牛磺胆酸和牛磺鹅脱氧胆酸,称为初级结合胆汁酸。

2. 次级胆汁酸　在肝脏中合成的初级结合胆汁酸,随胆汁经胆管进入肠道,在肠道细菌作用下经水解和脱 7α- 羟基反应,生成脱氧胆酸和石胆酸,称为次级游离胆汁酸,即胆酸转变为脱氧胆酸,鹅脱氧胆酸转变为石胆酸。它们可分别与甘氨酸和牛磺酸结合生成次级结合胆汁酸。

### (二)胆汁酸的功能

1. 促进脂类物质的消化吸收　胆汁酸分子内含有两种基团:具有亲水作用的亲水基团和具有疏水作用的疏水基团,所以它能够降低油与水两相之间的表面张力,利于脂类物质的消化吸收。因此,胆汁酸是较强的乳化剂。

2. 抑制胆固醇结石的形成　胆固醇难溶于水,胆汁酸盐和卵磷脂可使胆固醇分散形成可溶性微团,有利于其排出体外。如果肝中合成胆汁酸的能力下降或者排入胆汁的胆固醇过多,会造成胆汁中的胆固醇因过饱和而沉淀析出,形成胆石。

3. 胆汁酸的肠肝循环　排入肠道的胆汁酸除了少量随粪便排出外,其余约 95% 都被重吸收。由肠道重吸收的胆汁酸,经门静脉又重新回到肝,肝细胞将游离胆汁酸再转变为结合胆汁酸,并同新合成的初级结合胆汁酸一起再随胆汁排入肠道,此过程称为胆汁酸的肠肝循环(图 13-1)。肠肝循环的生理意义在于最大限度地利用胆汁酸,发挥其乳化作用,保证脂类物质的消化吸收。

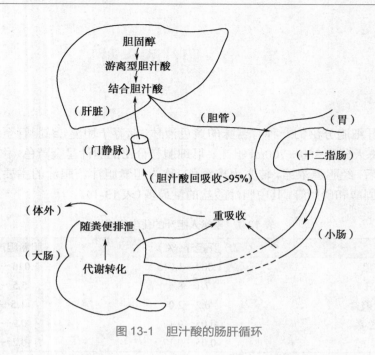

图 13-1 胆汁酸的肠肝循环

# 第三节 肝的生物转化作用

## 一、生物转化的概念

非营养物质是指在人体内有些物质，既不是组织细胞的构成原料，也不能参与氧化供能，对人体有一定的生理作用甚至有毒性的物质的统称。生物转化是指各类非营养物质在体内的代谢转变过程。非营养物质经过代谢转变后形成的产物有利于随胆汁或尿液排出体外，生物转化作用主要在肝中进行，肠、肾和肺等也有一定的生物转化能力。

体内非营养物质按来源不同分为内源性和外源性两类：内源性非营养物质主要来自于体内产生的激素、神经递质等生物活性物质以及物质代谢产物，如氨、胆红素等；外源性非营养物质主要包括从外界摄入的药物、食品添加剂、色素、环境污染物等。

生物转化作用可以增强许多非营养物质的水溶性，使其易随胆汁或尿液排出，使有毒物质的毒性减弱或消除（解毒作用），使某些物质的生物活性降低或消除（激素的灭活）。但有少数物质经生物转化作用后，毒性反而增加，或水溶性反而降低，对机体造成伤害。

## 二、生物转化反应类型

生物转化作用的反应类型包括氧化、还原、水解和结合反应四种。其中氧化、还原、水解反应称为第一相反应，结合反应称为第二相反应。少数非营养物质经过第一相反应，就可排出体外。但多数非营养物质还必须经过第二相反应，方可大量排出体外。

### （一）第一相反应

1. 氧化反应 是最常见的生物转化反应，主要通过多种氧化酶系催化完成，包括加单氧酶系、胺氧化酶系、脱氢酶系等。

（1）加单氧酶系：存在于肝细胞微粒体中，该酶系反应的特点是激活分子氧，使其中一个氧原子加在底物分子上形成羟基，另一个氧原子被 NADPH 还原生成水。

$$RH + O_2 + NADPH + H^+ \longrightarrow ROH + NADP^+ + H_2O$$

底物                 产物

（2）胺氧化酶系：存在于肝细胞线粒体中，可催化肠道内的腐败产物胺类，氧化脱氨基生成相应的醛。

$$RCH_2\text{--}NH_2 + H_2O + O_2 \longrightarrow R\text{--}CHO + H_2O_2 + NH_3$$

胺类                 醛类

（3）脱氢酶系：包括存在于肝细胞微粒体中的醇脱氢酶和存在于胞质中的醛脱氢酶，均以 NAD$^+$ 为辅酶，分别催化醇氧化成醛、醛氧化成酸。

$$CH_3CH_2OH \longrightarrow CH_3CHO \longrightarrow CH_3COOH$$

乙醇          乙醛          乙酸

2．还原反应 还原酶系存在于肝细胞微粒体中，主要是硝基还原酶和偶氮还原酶，反应时需 NADPH 提供氢，还原产物是胺类。例如：

硝基苯                 亚硝基苯                 苯胺

3．水解反应 水解酶存在于肝细胞微粒体和胞质中，包括酯酶、酰胺酶、糖苷酶等，它们可分别催化脂类、酰胺类、糖苷类化合物水解。例如，酯酶催化药物阿司匹林水解，生成水杨酸和乙酸。

阿司匹林              水杨酸         乙酸

### （二）第二相反应

结合反应是体内最重要的生物转化方式。一些非营养物质与结合基团供体结合，从而增加水溶性或改变其生物活性。结合物质主要有葡萄糖醛酸、活性硫酸、乙酰基等。

1．葡萄糖醛酸结合反应 结合反应中最常见的，葡萄糖醛酸的供体是尿苷二磷酸葡萄糖醛酸（UDPGA）。

苯酚                 苯-β-葡萄糖苷酸

2．硫酸结合反应 肝细胞质中的硫酸转移酶，可催化醇、酚和芳香胺类与活性硫酸反应，生成相应的硫酸酯。硫酸的供体是 3'- 磷酸腺苷 -5'- 磷酰硫酸（PAPS）。

雌酮                           雌酮硫酸酯

3. 乙酰基结合反应　肝细胞质中的乙酰基转移酶可以催化芳香胺类物质（如苯胺、磺胺等）与乙酰基结合，形成乙酰化合物。乙酰辅酶 A 是乙酰基的供体。如大部分磺胺类药物在肝内经乙酰基结合反应生成乙酰磺胺从而失活；乙酰磺胺的溶解度降低，所以在服用磺胺类药物时要增加饮水促使其随尿液排出体外。

$$\text{对氨基苯磺酰胺} \quad + CH_3CO\sim SCoA \xrightarrow{\text{乙酰转移酶}} \text{对乙酰氨基苯磺酰胺} \quad + HSCoA$$

# 第四节　胆色素代谢

## 一、胆色素的分解代谢

胆色素是体内血红素的分解代谢产物，包括胆绿素、胆红素、胆素原和胆素等，其中主要是胆红素。胆红素主要来自血红蛋白，少量来自肌红蛋白、细胞色素体系、过氧化物酶和过氧化氢酶等，是橙黄色的有毒性物质，其代谢主要在肝中进行，过多的胆红素可造成中枢神经系统不可逆性损害。

### （一）胆红素的生成

衰老的红细胞被肝、脾、骨髓等处的单核 - 吞噬细胞系统破坏，释放出血红蛋白，血红蛋白降解生成珠蛋白和血红素。血红素在加氧酶的作用下生成胆绿素，胆绿素在胆绿素还原酶的催化下生成胆红素，此胆红素称为游离胆红素。

### （二）胆红素的转运

游离胆红素难溶于水，进入血液后，与血浆清蛋白结合，生成胆红素 - 清蛋白复合物。这种形式增加了胆红素在血液中的溶解度，便于运输，还使胆红素不能透过细胞膜，避免胆红素对细胞造成毒害。胆红素 - 清蛋白复合物未经肝的转化故称为未结合胆红素。未结合胆红素分子量大，不能经肾小球滤过而随尿排出，故尿中检测不出未结合胆红素。某些有机阴离子如磺胺类、水杨酸等，可与胆红素竞争性地与清蛋白结合，使胆红素从复合物中游离出来。临床上新生儿黄疸时应避免用上述药物，谨防过多的游离胆红素引起胆红素脑病。

### （三）胆红素在肝中的代谢

胆红素随血液循环流经肝脏时，被肝细胞摄取、转化、排泄。

1. 肝细胞对胆红素的摄取　胆红素 - 清蛋白复合物随血液循环至肝中，脱去清蛋白，胆红素被肝细胞摄取，与肝细胞质中存在的两种载体蛋白即 Y 蛋白和 Z 蛋白相结合，以胆红素 Y 蛋白或胆红素 Z 蛋白的形式被运往内质网。

2. 肝细胞对胆红素的转化与排泄　被转运到滑面内质网的胆红素，在葡萄糖醛酸转移酶的催化下，与尿苷二磷酸葡萄糖醛酸（UDPGA）结合，生成胆红素葡萄糖醛酸酯，称为结合胆红素。结合胆红素极性较强，水溶性强，易随胆汁排泄，也可被肾小球滤过。正常人血中结合胆红素含量甚微，但如果胆道阻塞或重症肝炎等原因引起胆红素排泄受阻时，结合胆红素反流入血,血中胆红素增多,尿中则可检测出胆红素。两种胆红素的不同之处见表13-2。

表 13-2　未结合胆红素与结合胆红素的对比

| | 未结合胆红素 | 结合胆红素 |
|---|---|---|
| 溶解性 | 脂溶性 | 水溶性 |
| 与重氮试剂反应 | 间接反应阳性 | 直接反应阳性 |
| 膜通透性 | 大 | 小 |
| 毒性 | 有 | 无 |
| 尿中 | 无 | 有 |

### （四）胆红素在肠中的转变及胆素原的肠肝循环

肝生成的结合胆红素易溶于胆汁,随胆汁的分泌排入肠道,在肠道细菌的作用下,脱去葡萄糖醛酸基,逐步被还原生成无色的胆素原。部分胆素原在肠道下段被空气氧化,生成黄褐色的胆素称粪胆素,是粪便的颜色来源。大部分胆素原随粪便排出。当胆道阻塞时,结合胆红素不能进入肠道,无法转化为胆素原和胆素,结果使粪便颜色变浅甚至呈灰白色。

肠道中有少量的胆素原被肠黏膜重吸收,经门静脉入肝,其中大部分胆素原又被肝细胞摄取,再随胆汁回到肠腔,构成了胆素原的肠肝循环。进入肝内的胆素原还有小部分进入体循环,随血液流经肾脏随尿排出,称为尿胆原。尿胆原接触空气后,被氧化为黄色的尿胆素,这是尿液颜色的主要来源(图13-2)。

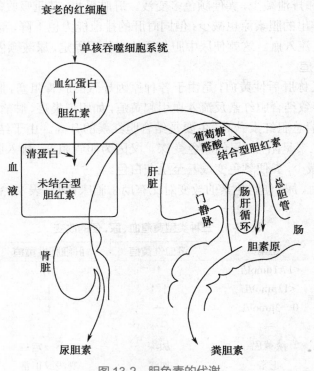

图 13-2　胆色素的代谢

## 二、血清胆红素及黄疸

正常人每天体内生成的胆红素经过代谢转变，基本可以完全排出体外，所以血清胆红素总量很低，为 3.4~17.1μmol/L，主要是未结合胆红素。各种病因导致血清总胆红素含量升高，出现皮肤、黏膜、巩膜等黄染的现象称为黄疸。若血清胆红素浓度高于 17.1μmol/L，但不超过 34.2μmol/L 时，皮肤、黏膜、巩膜等尚未被黄染，肉眼不易观察到黄染现象，称为隐性黄疸。若血清胆红素浓度超过 34.2μmol/L 时，肉眼可以观察到黄染现象，称为显性黄疸。临床上根据黄疸产生的原因不同分为三种类型：

### （一）溶血性黄疸

溶血性黄疸，又称肝前性黄疸，是由于红细胞大量被破坏，未结合胆红素生成过多，超过了肝的转化能力，导致血中未结合胆红素含量增多引起的黄疸。

临床特点是血清总胆红素升高，主要是未结合胆红素的升高。因未结合胆红素不能透过肾小球滤过，所以尿中无胆红素。又由于未结合胆红素的升高，肝最大限度地处理和排泄胆红素，故肠道内生成的胆素原增多，粪便中排出的胆素原也增多，肠道中重吸收的胆素原也增多，因此粪便和尿液的颜色均加深。

### （二）肝细胞性黄疸

肝细胞性黄疸，又称肝源性黄疸，是因肝细胞破坏（如肝炎、肝肿瘤、肝硬化等），摄取、处理与排泄胆红素的能力降低所致。一方面，肝细胞摄取、转化未结合胆红素的能力降低，导致血中未结合胆红素含量升高；另一方面，肝细胞肿胀，毛细胆管阻塞，肝内生成的结合胆红素反流入血，导致血中结合胆红素含量也升高。

临床特点是血中两种胆红素含量均升高，尿中胆红素呈阳性。由于肝功能障碍，肝对结合胆红素的生成和排泄减少，粪便颜色多变浅。肝脏受损，其重吸收能力下降，回到肝内的胆素原减少，尿排出的胆素原也减少；但同时肝的排泄能力也下降，部分重吸收的胆素原不能返回肠道，而反流入血。这就使尿中胆素原的变化不固定，尿液颜色变化不固定。

### （三）阻塞性黄疸

阻塞性黄疸，又称肝后性黄疸，是由于各种原因导致的胆管阻塞，胆汁排泄障碍，引起胆红素排泄受阻，导致结合胆红素反流入血引起黄疸，如胆道炎症、肿瘤、结石等。

临床特点是血清总胆红素升高，主要是结合胆红素的升高。由于结合胆红素可从肾小球滤过，故尿中胆红素呈阳性，尿的颜色变深。又因为胆管阻塞，排入肠道的胆红素减少，肠中生成的胆素原减少，粪便颜色变浅甚至呈灰白色。

三种类型黄疸血、尿、便胆色素的改变对比有助于临床诊断（表 13-3）。

表 13-3　三种类型黄疸血、尿、便的改变

| 指标 | 正常 | 溶血性黄疸 | 肝细胞性黄疸 | 阻塞性黄疸 |
| --- | --- | --- | --- | --- |
| 血清总胆红素 | <17.1μmol/L | ↑ | ↑ | ↑ |
| 未结合胆红素 | <13μmol/L | ↑↑ | ↑ | → |
| 结合胆红素 | 0~3μmol/L | → | ↑ | ↑↑ |
| 尿胆红素 | — | — | + | ++ |
| 尿液颜色 | 淡黄色 | 加深 | 不一定 | 变浅 |
| 粪便颜色 | 正常 | 加深 | 变浅或正常 | 变浅 |

### 新生儿黄疸

黄疸是新生儿出生后的常见症状，临床上分为生理性黄疸和病理性黄疸。

生理性黄疸是新生儿时期特有的一种现象，一般在新生儿出生后2～3天出现，4～5天达到高峰期，7～10天消退。这是因为胎儿在宫内低氧，导致血液中红细胞生成过多，而且红细胞多不成熟，易被破坏。胎儿出生后，这类红细胞多被破坏，造成胆红素生成过多；另一方面，新生儿肝功能不成熟，胆红素代谢有限，造成新生儿黄疸现象。

病理性黄疸在新生儿出生后随时出现，持续时间长，危害大。婴儿表现为嗜睡、食欲差、尖叫、四肢抽搐，严重时造成呼吸衰竭而死亡。游离胆红素能通过血脑屏障侵入脑组织，使脑的基底核黄染，会引起胆红素脑病，造成不可逆性脑损伤，往往留有后遗症。

## 第五节 常用肝功能试验及临床意义

肝功能试验是根据肝脏复杂多样的物质代谢功能设计的，每种肝功能试验都反映了肝功能的某一方面。临床上通过肝功能试验，了解肝功能的状态，鉴别肝脏疾病的种类，衡量肝脏损害的程度，这对于肝脏疾病的诊断、病程监测及预后判断有重要意义。常用的肝功能检测项目有：

### 一、血浆蛋白的检测

测定血浆总蛋白、清蛋白和球蛋白的含量及清蛋白与球蛋白比值（A/G），可了解肝功能。正常人血浆清蛋白（A）为40～55g/L，球蛋白（G）为20～30g/L，A/G为1.5～2.5∶1。清蛋白主要在肝中合成，慢性肝炎或肝硬化时，清蛋白合成量减少显著，而球蛋白增加，使A/G变小甚至倒置。

甲胎蛋白（AFP）是胎儿血清中的主要蛋白质。正常人血清中含量极少，一般在30ng/ml以下。原发性肝癌患者血清AFP会显著升高。所以血清AFP可作为诊断原发性肝癌的重要诊断指标。

### 二、血清酶类检测

测定血清丙氨酸氨基转移酶（ALT）和天冬氨酸氨基转移酶（AST）水平，可以反映肝细胞的损伤。脂肪肝、传染性肝炎、中毒性肝炎、肝癌等会引起肝细胞膜通透性增加或肝细胞损伤，肝细胞中的ALT和AST大量释放入血，血清转氨酶活性升高。特别是在急性肝炎时，ALT与AST显著升高，对肝病临床诊断有重要意义。

碱性磷酸酶（ALP）主要来源于肝细胞和骨骼，它既可反映肝功能，又能反映骨骼疾病。当胆道阻塞或肝功能受损时，肝细胞合成过多的ALP进入血液，ALP活性增高。骨骼疾病如佝偻病、软骨病等也会表现出血清ALP活性增高。

### 三、胆色素的检测

测定血清总胆红素、结合胆红素、未结合胆红素的含量可以反映黄疸的程度和鉴别黄疸的类型。测定尿中胆红素、胆素原和胆素水平,不仅可以了解肝脏处理胆红素的能力,而且对鉴别黄疸的类型也有重要意义。临床上将尿中胆红素、胆素原和胆素称为"尿三胆"。

（王达菲　郑学锋）

 思考题

1. 试述严重肝功能障碍患者会出现的代谢异常。
2. 什么是生物转化作用？生物转化对人体的生理意义。
3. 试述三种黄疸产生的原因及各自的血、尿、便的特征。
4. 试述临床上常用肝功能检测项目及各自的临床意义。

# 教 学 大 纲

## 一、课程性质

生物化学基础是中等卫生职业教育护理、助产专业一门重要的专业选修课。本课程主要涉及蛋白质与核酸化学、酶和维生素、生物氧化、三大物质代谢和调节及其联系、水盐代谢与酸碱平衡、肝生物化学等内容。本课程的任务是使学生掌握人体主要组成成分及其结构、性质和功能，熟悉物质代谢和能量代谢的主要过程及生理意义，了解物质代谢与生理功能的关系，以及目前本课程的发展动态和未来发展趋势。通过学习使学生们从分子水平了解生命现象的本质和原理。本课程的先修课程包括医用物理、医用化学基础、解剖学基础等，同步和后续课程包括生理学基础、病理学基础和药物学基础等。

## 二、课程目标

通过本课程的学习，学生能够达到下列要求：

### （一）职业素养目标

1. 具有科学的思维方法，理论联系实际的工作作风。
2. 具有运用生物化学知识分析和解决问题的能力。
3. 具有良好的人际沟通能力，团队合作意识。
4. 具有良好的职业道德。

### （二）专业知识和技能目标

1. 掌握人体主要化学物质的组成、结构、性质和功能。
2. 熟悉人体内物质代谢和能量代谢的过程及生理意义。
3. 了解物质代谢与生理功能的关系。
4. 学会使用常用的生物化学实验仪器。
5. 熟练掌握生物化学实验的基本操作。

## 三、学时安排

| 教学内容 | 学时 | | |
| --- | --- | --- | --- |
| | 理论 | 实践 | 合计 |
| 一、绪论 | 1 | | 1 |
| 二、蛋白质与核酸化学 | 3 | 2 | 5 |
| 三、酶和维生素 | 4 | 2 | 6 |
| 四、糖代谢 | 4 | 2 | 6 |

| 教学内容 | 学时 | | |
|---|---|---|---|
| | 理论 | 实践 | 合计 |
| 五、生物氧化 | 2 | | 2 |
| 六、脂类代谢 | 4 | | 6 |
| 七、氨基酸的分解代谢 | 4 | | 6 |
| 八、物质代谢的调节和细胞信号的转导* | 2* | | 2* |
| 九、核酸代谢和蛋白质的生物合成 | 4 | | 4 |
| 十、细胞增殖、分化与凋亡的分子基础* | 2* | | 2* |
| 十一、现代分子生物学及其技术* | 2* | | 2* |
| 十二、水、无机盐代谢与酸碱平衡 | 2 | | 2 |
| 十三、肝胆的生物化学 | 2 | | 2 |
| 合计 | 30 | 6 | 36 |

注：* 各学校根据情况选择教学内容，未计入总学时数

## 四、课程内容和要求

| 单元 | 教学内容 | 教学要求 | 教学活动参考 | 参考学时 | |
|---|---|---|---|---|---|
| | | | | 理论 | 实践 |
| 一、绪论 | （一）概述 | | 理论讲授 | 1 | |
| | 1. 生物化学的概念及研究对象 | 掌握 | 多媒体演示 | | |
| | 2. 生物化学研究的主要内容 | 熟悉 | | | |
| | （二）生物化学发展简史 | | | | |
| | 1. 生物化学发展概要 | 了解 | | | |
| | 2. 我国对生物化学发展的贡献 | | | | |
| | （三）生物化学与医学 | 熟悉 | | | |
| | 1. 生物化学与日常生活 | | | | |
| | 2. 生物化学与其他学科 | | | | |
| | 3. 生物化学与护理职业 | | | | |
| 二、蛋白质与核酸化学 | （一）蛋白质的分子组成 | | 理论讲授 | 3 | 2 |
| | 1. 蛋白质的元素组成 | 掌握 | 多媒体演示 | | |
| | 2. 蛋白质的基本组成单位——氨基酸 | 掌握 | 案例分析 | | |
| | 3. 蛋白质分子中氨基酸的连接方式 | | | | |
| | （二）蛋白质的分子结构与功能 | 了解 | | | |
| | 1. 蛋白质的一级结构 | | | | |
| | 2. 蛋白质的空间结构 | | | | |
| | 3. 蛋白质结构与功能的关系 | | | | |
| | （三）蛋白质的理化性质与分类 | 熟悉 | | | |
| | 1. 蛋白质的理化性质 | | | | |
| | 2. 蛋白质的分类 | | | | |
| | （四）核酸的化学 | | | | |
| | 1. 核酸的分子组成 | 掌握 | | | |
| | 2. 核酸的分子结构 | 掌握 | | | |
| | 3. 某些重要的核苷酸 | 熟练掌握 | | | |
| | 实验一　血清总蛋白测定 | | 技能操作 | | |

续表

| 单元 | 教学内容 | 教学要求 | 教学活动参考 | 参考学时 | |
|------|---------|---------|------------|------|------|
| | | | | 理论 | 实践 |
| 三、酶和维生素 | （一）酶的概述 | | 理论讲授<br>多媒体演示 | 4 | 2 |
| | 1. 酶的分子组成 | 掌握 | | | |
| | 2. 酶的分子结构 | 掌握 | | | |
| | 3. 酶促反应的机制 | 了解 | | | |
| | 4. 酶促反应的特点 | | | | |
| | （二）影响酶促反应速度的因素 | 掌握 | | | |
| | 1. 底物浓度的影响 | | | | |
| | 2. 酶浓度的影响 | | | | |
| | 3. 温度的影响 | | | | |
| | 4. pH 的影响 | | | | |
| | 5. 激活剂的影响 | | | | |
| | 6. 抑制剂的影响 | | | | |
| | （三）酶的命名及分类及其在医学上的应用 | 了解 | | | |
| | 1. 酶的命名与分类 | | | | |
| | 2. 酶在医学上的应用 | | | | |
| | （四）维生素 | 了解 | | | |
| | 1. 脂溶性维生素 | | | | |
| | 2. 水溶性维生素 | | | | |
| | 实验二　血清乳酸脱氢酶测定 | | 技能操作 | | |
| 四、糖代谢 | （一）概述 | 了解 | 理论讲授<br>多媒体演示 | 4 | 2 |
| | 1. 糖的生理功能 | | | | |
| | 2. 糖代谢概况 | | | | |
| | （二）糖的分解代谢 | 掌握 | | | |
| | 1. 糖的无氧分解 | | | | |
| | 2. 糖的有氧氧化 | | | | |
| | 3. 磷酸戊糖途径 | | | | |
| | （三）糖原的合成与分解 | 掌握 | | | |
| | 1. 糖原的合成 | | | | |
| | 2. 糖原的分解 | | | | |
| | （四）糖异生 | 掌握 | | | |
| | 1. 糖异生的概念 | | | | |
| | 2. 糖异生的途径 | | | | |
| | 3. 糖异生的生理意义 | | | | |
| | （五）血糖及其调节 | 熟练掌握 | | | |
| | 1. 血糖的来源和去路 | | | | |
| | 2. 血糖水平的调节 | | | | |
| | 3. 血糖水平异常 | | | | |
| | 实验三　血清葡萄糖测定 | 熟练掌握 | 技能操作 | | |
| 五、生物氧化 | （一）概述 | 熟悉 | 理论讲授<br>多媒体演示 | 2 | |
| | 1. 生物氧化的特点 | | | | |
| | 2. 生物氧化的一般过程和二氧化碳的生成 | | | | |
| | （二）生物氧化过程中水的生成 | 掌握 | | | |
| | 1. 呼吸链 | | | | |
| | 2. 呼吸链的组成及作用 | | | | |

| 单元 | 教学内容 | 教学要求 | 教学活动参考 | 参考学时 理论 | 参考学时 实践 |
|---|---|---|---|---|---|
| 五、生物氧化 | 3. 呼吸链成分的排列<br>4. 呼吸链的类型<br>（三）ATP 的生成<br>1. 高能键和高能化合物<br>2. ATP 的生成<br>3. 能量的转移、储存和利用<br>（四）其他氧化体系<br>1. 微粒体中的氧化酶<br>2. 过氧化物酶体中的氧化酶<br>3. 自由基与超氧化物歧化酶 | 掌握<br><br>了解 | | | |
| 六、脂类代谢 | （一）概述<br>1. 脂类的分布<br>2. 脂类的生理功能<br>（二）三酰甘油代谢<br>1. 三酰甘油的分解代谢<br>2. 酮体的生成和利用<br>3. 三酰甘油的合成代谢<br>（三）类脂代谢<br>1. 磷脂的代谢<br>2. 胆固醇的代谢<br>（四）血脂<br>1. 血脂<br>2. 血浆脂蛋白<br>3. 脂类代谢异常 | 了解<br>熟悉<br><br>掌握<br>掌握<br>了解<br><br>了解<br>熟悉<br><br>掌握<br>掌握<br>掌握 | 理论讲授<br>多媒体演示 | 4 | |
| 七、氨基酸的分解代谢 | （一）蛋白质的营养作用<br>1. 蛋白质的生理功能<br>2. 蛋白质的需要量与营养价值<br>（二）氨基酸的一般代谢<br>1. 氨基酸的代谢概况<br>2. 氨基酸的脱氨基作用<br>3. α- 酮酸的代谢<br>4. 氨的代谢<br>（三）特殊氨基酸的代谢<br>1. 氨基酸的脱羧基作用<br>2. 一碳单位的代谢<br>3. 苯丙氨酸及酪氨酸的代谢<br>4. 蛋氨酸的代谢及肌酸和磷酸肌酸的生成 | 熟悉<br><br><br>掌握<br>掌握<br>掌握<br>掌握<br><br>熟悉<br>熟悉<br>熟悉<br>熟悉 | 理论讲授<br>多媒体演示 | 4 | |
| 八、物质代谢的调节和细胞信号的转导 | （一）物质代谢的特点<br>1. 各种物质代谢形成一个有机整体<br>2. 物质代谢有序进行<br>3. 各组织、器官物质代谢各具特色<br>（二）物质代谢的相互关系<br>1. ATP 是机体贮存能量及消耗能量的共同形式 | 了解<br><br><br><br>了解 | 理论讲授<br>多媒体演示 | 2 | |

续表

| 单元 | 教学内容 | 教学要求 | 教学活动参考 | 参考学时 | |
|---|---|---|---|---|---|
| | | | | 理论 | 实践 |
| 八、物质代谢的调节和细胞信号的转导 | 2. 糖、脂和蛋白质通过中间代谢物的相互关系 | | | | |
| | （三）代谢调节 | | | | |
| | 1. 细胞水平的代谢调节 | | | | |
| | 2. 激素水平的代谢调节 | 了解 | | | |
| | 3. 整体水平的代谢调节 | | | | |
| | （四）细胞信号转导途径 | | | | |
| | 1. 信号分子 | | | | |
| | 2. 受体 | 了解 | | | |
| | 3. 膜受体介导的信号转导途径 | | | | |
| | 4. 胞内受体介导的信号转导途径 | | | | |
| | （五）物质代谢调节和细胞信号转导与医学 | 了解 | | | |
| | 1. 细胞信号转导与疾病的发生 | | | | |
| | 2. 细胞信号转导与疾病的治疗 | | | | |
| 九、核酸代谢和蛋白质的生物合成 | （一）核苷酸代谢 | 熟悉 | 理论讲授<br>多媒体演示 | 4 | |
| | 1. 核苷酸的合成代谢 | | | | |
| | 2. 核苷酸的分解代谢 | | | | |
| | （二）核酸的生物合成 | 熟悉 | | | |
| | 1. DNA 的生物合成 | | | | |
| | 2. RNA 的生物合成 | | | | |
| | （三）蛋白质的生物合成 | 熟悉 | | | |
| | 1. 三种 RNA 在蛋白质合成中的作用 | | | | |
| | 2. 蛋白质的生物合成过程 | | | | |
| | （四）基因表达 | 了解 | | | |
| | 1. 基因表达的概念及特征 | | | | |
| | 2. 基因表达的方式 | | | | |
| | 3. 原核生物基因表达的调控 | | | | |
| | 4. 真核生物基因表达的调控 | | | | |
| | （五）基因组学与后基因组学 | 了解 | | | |
| | 1. 人类基因组学的研究内容 | | | | |
| | 2. 人类后基因组学的研究 | | | | |
| 十、细胞增殖、分化与凋亡的分子基础 | （一）细胞增殖与分化 | 了解 | 理论讲授<br>多媒体演示 | 2 | |
| | 1. 细胞周期与细胞增殖 | | | | |
| | 2. 细胞分化与分化细胞的特征 | | | | |
| | 3. 细胞分化的分子基础 | | | | |
| | （二）细胞凋亡 | 了解 | | | |
| | 1. 细胞凋亡 | | | | |
| | 2. 细胞凋亡与细胞坏死的区别 | | | | |
| | （三）生长因子 | 了解 | | | |
| | 1. 生长因子 | | | | |
| | 2. 生长因子的作用特点 | | | | |
| | （四）癌基因与抑癌基因 | 了解 | | | |
| | 1. 癌基因 | | | | |
| | 2. 抑癌基因 | | | | |

续表

| 单元 | 教学内容 | 教学要求 | 教学活动参考 | 参考学时 ||
| | | | | 理论 | 实践 |
|---|---|---|---|---|---|
| 十一、现代分子生物学及其技术 | （一）分子生物学基本技术<br>1. 聚合酶链反应技术<br>2. 分子杂交技术<br>3. 印迹技术 | 了解 | 理论讲授<br>多媒体演示 | 2 | |
| | （二）分子生物学延伸拓展类技术<br>1. 基因工程<br>2. DNA测序技术<br>3. 转基因技术与核移植技术 | 了解 | | | |
| | （三）基因诊断与基因治疗<br>1. 基因诊断<br>2. 基因治疗 | 了解 | | | |
| 十二、水、无机盐代谢与酸碱平衡 | （一）水的代谢<br>1. 水的含量与分布<br>2. 水的生理功能<br>3. 水的摄入与排出 | 熟悉 | 理论讲授<br>多媒体演示 | 2 | |
| | （二）无机盐代谢<br>1. 无机盐的含量与分布及生理功能<br>2. 钠、钾与氯的代谢<br>3. 钙、镁、磷的代谢 | 熟悉 | | | |
| | （三）水与无机盐代谢的调节<br>1. 神经调节<br>2. 激素的调节 | 了解 | | | |
| | （四）酸碱平衡<br>1. 体内酸碱物质来源<br>2. 酸碱平衡的调节<br>3. 酸碱平衡的主要生化指标 | 掌握 | | | |
| | （五）水、电解质平衡紊乱与酸碱平衡失调<br>1. 水、电解质平衡紊乱<br>2. 酸碱平衡失调 | 掌握 | | | |
| 十三、肝胆的生物化学 | （一）肝在物质代谢中的作用<br>1. 肝在糖代谢中的作用<br>2. 肝在脂类代谢中的作用<br>3. 肝在蛋白质代谢中的作用<br>4. 肝在维生素代谢中的作用<br>5. 肝在激素代谢中的作用 | 熟悉 | 理论讲授<br>多媒体演示 | 2 | |
| | （二）胆汁酸代谢<br>1. 胆汁<br>2. 胆汁酸代谢与功能 | 掌握 | | | |
| | （三）肝的生物转化作用<br>1. 生物转化的概念<br>2. 生物转化反应类型 | 掌握 | | | |
| | （四）胆色素代谢<br>1. 胆色素的分解代谢<br>2. 血清胆红素及黄疸 | 了解 | | | |

续表

| 单元 | 教学内容 | 教学要求 | 教学活动参考 | 参考学时 | |
|---|---|---|---|---|---|
| | | | | 理论 | 实践 |
| 十三、肝生物化学 | （五）常用肝功能试验及临床意义<br>1. 血浆蛋白的检测<br>2. 血清酶类检测<br>3. 胆色素的检测 | 了解 | | | |

## 五、说明

### （一）教学安排

本教学大纲主要供 3 年制护理、助产等专业教学使用，第二学期开设，总学时为 36 学时，其中理论教学 30 学时、实践教学 6 学时、学分为 2 学分，参考教学内容学时未计入总学时。

### （二）教学要求

1. 本课程对理论部分教学要求分为掌握、熟悉、了解三个层次。掌握：指对生物化学基本知识、基本理论有较深刻的认识，并能综合、灵活地运用所学知识解决实际问题。熟悉：指能够领会生物化学概念、原理的基本含义。了解：指对生物化学基本知识、基本理论能有一定的认识，能够记忆所学的知识要点。

2. 对实践技能要求分为熟练掌握、学会两个层次。熟练掌握：能够独立规范地生物化学实验操作。学会：指在教师的指导下能初步进行生物化学实验操作。

### （三）教学建议

1. 教师在教学中要把握生物化学课程提高学生职业能力的特点，强调基本知识和基本技能的学习、理论知识与专业的结合，突出职业应用能力的培养。理论知识有针对性，以够用为原则，避免高深繁琐的推导、分析和解释。注重医学中的生物化学知识和现象的讲授，体现生物化学科学在医学领域，尤其是在护理、助产实践中的重要意义。

2. 本课程强调学生运用生物化学知识解释日常生活、临床现象和护理实践的能力，考核评价要突出能力，降低知识难度，评价内容务求适用，尽量围绕医学中的生物化学知识和现象进行，尤其是护理过程中的生物化学知识的运用。

# 参 考 文 献

1. 查锡良,药立波. 生物化学与分子生物学. 第 8 版. 北京:人民卫生出版社,2013.
2. 高国全. 生物化学. 第 2 版. 北京:人民卫生出版社,2006.
3. 车龙浩. 生物化学. 第 2 版. 北京:人民卫生出版社,2008.
4. 周克元,罗德生. 生物化学. 第 2 版. 北京:科学出版社,2010.
5. 何旭辉. 吕士杰. 生物化学. 第 7 版. 北京:人民卫生出版社,2014.
6. 潘文干. 生物化学. 第 6 版. 北京:人民卫生出版社,2009.
7. 何旭辉. 生物化学. 第 2 版. 北京:人民卫生出版社,2012.
8. 李月秋. 生物化学. 第 2 版. 北京:人民卫生出版社,2008.